よくわかる 3次元CADシステム
SOLIDWORKS 入門
2014/2015/2016 対応

㈱アドライズ【編】

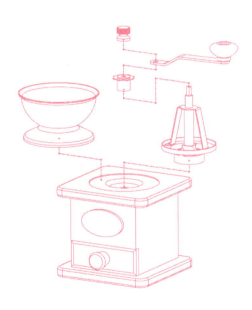

日刊工業新聞社

はじめに

　お陰さまで「よくわかる 3 次元 CAD システム SOLIDWORKS 入門」は、同システムのバージョンアップに対応して今回が 4 回目の改訂となりました。これまでご支持をいただきました多くの読者の皆様へこの場を借りてお礼申し上げます。

　今から約 10 年前、この書籍の執筆・制作を決意したのは多くの方々に「SOLIDWORKS（ソリッドワークス）」による設計の楽しさを知って欲しいという想いからでした。当時、設計デザイン会社を起業したばかりの私は、大学の非常勤講師として 3 次元 CAD 設計の講座を担当する機会をいただきました。私は学生たちに SOLIDWORKS の操作と、それを活用した設計を指導するなか、逆に彼らから大切なことを教わりました。習得の段階で、"いかに創作を楽しむか"です。3 次元 CAD による設計が楽しくなると、興味が湧き上がり、さらに能力を引き上げます。楽しさのポイントは、画面の中で最終製品まで完成させることができる事例（モデル）を選ぶことでした。さらに、そのモデルに可動部があり、画面内で動かすことができればベストです。

　本書は、3 次元 CAD システム「SOLIDWORKS」の入門用テキストです。これから SOLIDWORKS に触れる方、基本からしっかりと習得したい方、ポイントを押さえて短時間で習得したい方などを対象として、実務でよく使う基本機能に絞り、目的を持って学習できる構成となっています。

　また、本書は **2014/2015/2016** バージョンの操作に対応しています。

〈本書の主な 3 つの特徴〉
○豊富なビジュアルを使用しており、わかりやすい
○身近なモデルの作成を通して必要な操作が身につく
○手順に沿って進めることで 3 次元モデルがおのずと描ける

　本書を手にとって開いたときに、「この本ならやれそう」と思っていただけるようにビジュアルを多用し、わかりやすさにこだわりました。3 次元 CAD は、目標の課題を設定し、それをこなしていくことで操作の習得が進みます。そこで本書は、身近なモデルの作成を通して、大きな達成感を得ながら自然に機能を理解し、操作が身につくよう配慮しています。そして、操作手順を細かく分け、番号を振ってありますので、その手順に従えばおのずと 3 次元モデルが出来上がるようになっています。

　本書が 3 次元 CAD を活用される多くの方々のためにお役に立てれば幸いです。最後に、本書の執筆にあたり、ご協力いただきました方々に感謝を述べるとともに、出版にあたりご尽力いただきました日刊工業新聞社出版局の方々に厚く御礼を申し上げます。

　2016 年 8 月

株式会社アドライズ　代表取締役　牛山直樹

SOLIDWORKS は、米国およびその他の国におけるダッソー・システムズまたはその子会社の商標または登録商標です。
それ以外に記載されている会社名ならびに製品名も各社の商標あるいは登録商標です。

目　次

Chapter 1　導入　－３次元 CAD SOLIDWORKS とは－

1　３次元 CAD とは　⋯⋯⋯⋯⋯⋯⋯⋯⋯⋯⋯⋯⋯⋯⋯⋯⋯⋯⋯⋯⋯⋯⋯ 8
- 1　３次元 CAD とは　⋯⋯⋯⋯⋯⋯⋯⋯⋯⋯⋯⋯⋯⋯⋯⋯⋯⋯⋯⋯⋯ 8
- 2　３次元 CAD の特徴　⋯⋯⋯⋯⋯⋯⋯⋯⋯⋯⋯⋯⋯⋯⋯⋯⋯⋯⋯⋯ 9
- 3　広がる３次元モデルの活用範囲　⋯⋯⋯⋯⋯⋯⋯⋯⋯⋯⋯⋯⋯⋯ 10

2　SOLIDWORKS の特徴　⋯⋯⋯⋯⋯⋯⋯⋯⋯⋯⋯⋯⋯⋯⋯⋯⋯⋯⋯ 12
- 1　履歴型の３次元 CAD　⋯⋯⋯⋯⋯⋯⋯⋯⋯⋯⋯⋯⋯⋯⋯⋯⋯⋯⋯ 12
- 2　パラメトリック修正機能　⋯⋯⋯⋯⋯⋯⋯⋯⋯⋯⋯⋯⋯⋯⋯⋯⋯ 12
- 3　ドキュメントの種類　⋯⋯⋯⋯⋯⋯⋯⋯⋯⋯⋯⋯⋯⋯⋯⋯⋯⋯⋯ 13
- 4　双方向完全連想性　⋯⋯⋯⋯⋯⋯⋯⋯⋯⋯⋯⋯⋯⋯⋯⋯⋯⋯⋯⋯ 13

■本書の使用方法　⋯⋯⋯⋯⋯⋯⋯⋯⋯⋯⋯⋯⋯⋯⋯⋯⋯⋯⋯⋯⋯⋯⋯ 14

Chapter 2　準備　－ SOLIDWORKS の設定－

1　システムの設定　⋯⋯⋯⋯⋯⋯⋯⋯⋯⋯⋯⋯⋯⋯⋯⋯⋯⋯⋯⋯⋯⋯ 16
- 1　SOLIDWORKS の設定項目　⋯⋯⋯⋯⋯⋯⋯⋯⋯⋯⋯⋯⋯⋯⋯⋯ 16
- 2　現在の設定を保存する　⋯⋯⋯⋯⋯⋯⋯⋯⋯⋯⋯⋯⋯⋯⋯⋯⋯⋯ 16
   - 保存したファイルから設定を回復するには・18
- 3　システムオプションを初期化する　⋯⋯⋯⋯⋯⋯⋯⋯⋯⋯⋯⋯⋯ 19
   - インストール後、初めて SOLIDWORKS を起動する場合・20

2　部品ドキュメントの画面構成とコマンドレイアウト　⋯⋯⋯⋯⋯⋯⋯ 21
- 1　新しく部品ドキュメントを作成する　⋯⋯⋯⋯⋯⋯⋯⋯⋯⋯⋯⋯ 21
- 2　コマンドのレイアウトと設定を変更する　⋯⋯⋯⋯⋯⋯⋯⋯⋯⋯ 22
- 3　Instant3D の解除　⋯⋯⋯⋯⋯⋯⋯⋯⋯⋯⋯⋯⋯⋯⋯⋯⋯⋯⋯⋯ 24
- 4　Instant2D の解除　⋯⋯⋯⋯⋯⋯⋯⋯⋯⋯⋯⋯⋯⋯⋯⋯⋯⋯⋯⋯ 24
- 5　部品ドキュメントを閉じる　⋯⋯⋯⋯⋯⋯⋯⋯⋯⋯⋯⋯⋯⋯⋯⋯ 24

3　アセンブリドキュメントの画面構成　⋯⋯⋯⋯⋯⋯⋯⋯⋯⋯⋯⋯⋯ 25
- 1　新しくアセンブリドキュメントを作成する　⋯⋯⋯⋯⋯⋯⋯⋯⋯ 25
- 2　アセンブリドキュメントの画面構成を確認する　⋯⋯⋯⋯⋯⋯⋯ 25
- 3　アセンブリドキュメントを閉じる　⋯⋯⋯⋯⋯⋯⋯⋯⋯⋯⋯⋯⋯ 25

4　図面ドキュメントの画面構成　⋯⋯⋯⋯⋯⋯⋯⋯⋯⋯⋯⋯⋯⋯⋯⋯ 26
- 1　新しく図面ドキュメントを作成する　⋯⋯⋯⋯⋯⋯⋯⋯⋯⋯⋯⋯ 26
- 2　図面ドキュメントの画面構成を確認する　⋯⋯⋯⋯⋯⋯⋯⋯⋯⋯ 26
- 3　図面ドキュメントを閉じる　⋯⋯⋯⋯⋯⋯⋯⋯⋯⋯⋯⋯⋯⋯⋯⋯ 26
   - アイコンの色・27

■基本操作をマスターしよう ……………………………………………………………… 28
　　　　フィーチャー作成の流れ・30

Chapter 3 部品の作成 −部品を作成してみよう−

1　新しく部品を作成する …………………………………………………………………… 32
　1　部品ドキュメントを作成する ………………………………………………………… 32
　　　　部品ドキュメント画面構成・33 ／基本３面（標準３面）と原点・33
2　スケッチを描く …………………………………………………………………………… 34
　1　スケッチを開始する ……………………………………………………………………… 34
　　　　選択前と選択・35
　2　スケッチを描く …………………………………………………………………………… 36
　　　　操作をまちがえたときには・36
　3　寸法を入れる ……………………………………………………………………………… 37
　　　　要素の選択方法と削除・38
　4　スケッチを終了する ……………………………………………………………………… 38
　　　　終了したスケッチの編集方法・39
3　スケッチを押し出して立体を作る ……………………………………………………… 40
　1　スケッチを押し出す ……………………………………………………………………… 40
　　　　スケッチの選択・41 ／履歴の参照関係表示・41 ／階層リンク・41
4　モデルの表示操作 ………………………………………………………………………… 42
　1　表示の拡大縮小 …………………………………………………………………………… 42
　2　ウィンドウにフィット …………………………………………………………………… 42
　3　表示の平行移動 …………………………………………………………………………… 43
　4　表示の回転 ………………………………………………………………………………… 43
　5　一部を拡大 ………………………………………………………………………………… 44
　6　標準の表示にする ………………………………………………………………………… 44
　　　　標準表示方向を確認してみよう・45 ／マウスジェスチャー・45
5　モデルの中身をくり抜く ………………………………………………………………… 46
　1　モデルの中身をくり抜く ………………………………………………………………… 46
　2　モデルの断面を見る ……………………………………………………………………… 47
　　　　表示の種類・47
6　スケッチを押し出してモデルをカットする …………………………………………… 48
　1　モデルの面を選択してスケッチを描く ………………………………………………… 48
　2　モデルに一致させてスケッチを描く …………………………………………………… 49
　3　スケッチを押し出してモデルをカットする① ………………………………………… 50
　4　円を描く …………………………………………………………………………………… 51
　5　スケッチを押し出してモデルをカットする② ………………………………………… 53
7　モデルに形状を追加する ………………………………………………………………… 54
　1　中心線を描く ……………………………………………………………………………… 54
　2　対称寸法の追加 …………………………………………………………………………… 55
　3　突起の追加 ………………………………………………………………………………… 56

目次　3

4	円筒の突起と同心の円を描く	………	57
5	穴をあける	………	58

寸法の入力〈一方が円の場合の距離〉・59

8 形状を複写する …………………………………………………………… 60
1 突起と穴を複写する …………………………………… 60

9 角を丸める ………………………………………………………………… 62
1 角を丸める ……………………………………………… 62
2 部品ドキュメントを保存する ……………………… 63

10 スケッチの完全定義 …………………………………………………… 64
スケッチの完全定義・64
1 スケッチ拘束の表示設定 ……………………………… 64
2 自動拘束の設定 ………………………………………… 65
拘束マークとは・65／スナップとは・65
3 形状の情報を与える …………………………………… 66
4 大きさの情報を与える ………………………………… 68
5 位置の情報を与える …………………………………… 69
6 スケッチの完全定義 …………………………………… 70
マージと一致の違い・71

11 モデルの修正 …………………………………………………………… 74
1 スケッチ平面を変更する ……………………………… 74
2 スケッチを編集する …………………………………… 75
3 フィーチャー編集 ……………………………………… 77

12 スケッチを回転してモデルを作る ………………………………… 78
1 スケッチを回転してモデルを作る …………………… 78
2 面取りをする …………………………………………… 80
3 角を丸める ……………………………………………… 81
寸法の入力方法〈基本〉・82／いろいろな拘束・84／押し出しオプションの種類・86

Chapter 4 アセンブリの作成 −作った部品を組み立てよう−

1 新しくアセンブリを作成する ……………………………………… 88
1 アセンブリドキュメントを作成する ………………… 88
アセンブリドキュメント画面構成・89／新規アセンブリドキュメントを開いたときは・89

2 部品を組み立てる ……………………………………………………… 90
1 最初の部品を配置する ………………………………… 90
2 部品を挿入する ………………………………………… 92
3 部品の移動と回転 ……………………………………… 92
4 表示を操作する ………………………………………… 93
5 合致 その① …………………………………………… 94
選択解除と合致編集・95
6 同じ部品を追加する …………………………………… 96
標準合致の種類・97

4 目次

| 7 | 合致　その② | 98 |

3　干渉チェック　100

| 1 | 干渉チェック　その① | 100 |
| 2 | モデルを修正する | 101 |

階層リンクの使い方・101

| 3 | 干渉チェック　その② | 103 |

モデルに色を付ける・104

Chapter 5　図面の作成　－作ったモデルから図面を作成しよう－

1　新しく図面を作成する　106

| 1 | 図面ドキュメントを作成する | 106 |

図面ドキュメント画面構成・107／図面シートと図面シートフォーマット・107

2　図枠を作成して保存する　108

| 1 | 図枠の作成 | 108 |
| 2 | 図枠の保存　シートフォーマットの保存 | 109 |

3　図面の設定　110

1	システムオプションの設定	110
2	図面ドキュメントの設定	110
3	投影法の設定	112

投影図の配置・112

4　組立図を作成する　113

1	図を配置する	113
2	スケール（尺度）を確認する	115
3	図を移動する	115
4	寸法を記入する	116
5	図を追加する	117
6	図の表示を変える	118
7	図枠の注記を変更する	118

ラピッド寸法・119

5　部品図を作成する　その①　120

1	図面シートを追加する	120
2	3面図を配置する	120
3	中心線を入れる	121
4	寸法を自動で入れる	122
5	寸法を移動する	122
6	直径寸法から半径寸法に変更する	123
7	寸法に接頭語を追加する	123
8	不足している寸法を追加する	124
9	寸法を非表示にする	124
10	寸法を整列する	125

6 部品図を作成する その②　……… 126

1	図を配置する ……… 126
2	図を回転する ……… 126
3	投影図を追加する ……… 127
4	スケールを確認する ……… 127
5	中心線を入れる ……… 128
6	寸法を自動で入れる ……… 128
7	面取り寸法を入れる ……… 129
8	寸法矢印の方向を変える ……… 129
9	図面ドキュメントを保存する ……… 130

Chapter 6　応用演習　－ちょっと難しいモデルに挑戦しよう－

1	構成に合わせてフォルダを作る ……… 134
2	形状をミラー複写する ……… 138
3	長さの異なる面取り ……… 149
4	距離合致 ……… 154
5	押し出しカットの応用 ……… 160

スケッチ輪郭の外側を削除・161

| 6 | 薄板を作成する ……… 164 |
| 7 | 平面を作成する ……… 169 |

平面の作成パターン・173

8	面に勾配をつける ……… 176
9	合致の復習 ……… 180
10	ボタン形状を作る ……… 188

ドームの設定・191

11	輪郭と輪郭をつないだ形状を作る ……… 192
12	スケッチの軌跡で形状を作る ……… 198
13	アセンブリの分解図 ……… 204
14	回転で曲面を作る ……… 212
15	円周方向に形状を複写する ……… 216

押し出しの設定「オフセット」について・218

| 16 | 履歴を操作する ……… 224 |

ねじ山表示の追加・231

| 17 | モデルの動きを確認する ……… 232 |

■コマンド一覧　……… 242

■ SOLIDWORKS2015 以前の CommandManager　……… 246
　クラシック表示の方法・246

■読者限定特典のご案内　……… 247

■索引＆用語解説　……… 248

Chapter 1

導入

3次元 CAD SOLIDWORKS とは

1　3次元 CAD とは
2　SOLIDWORKS の特徴

Chapter 1 導入

1 3次元CADとは

1　3次元CADとは

　3次元CADとは、仮想の3次元空間上に、「縦」「横」「奥行き」のある立体的な形状を作っていくツールのことです。この3次元空間上に作成した形状を3次元モデルと呼び、形状が立体的に検証できるという優れた特徴を持っています。
　この3次元モデルの情報を活用することで、「設計段階での高度な検証」「製作現場との速やかな連携」「プレゼンテーションへの利用」など多くの可能性が広がります。

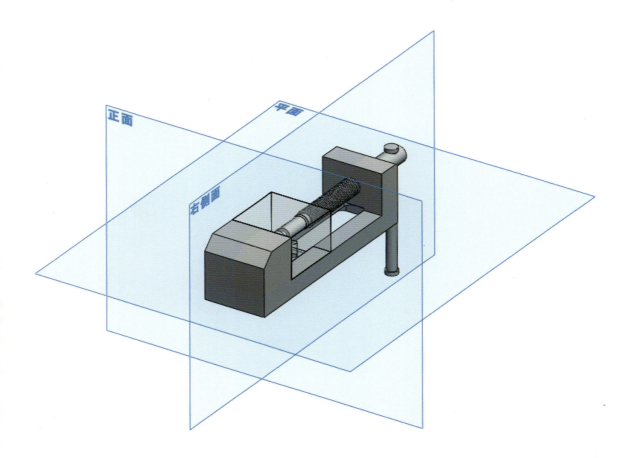

2　3次元 CAD の特徴

3 次元 CAD には、次のような優れた特徴があります。

●形状がわかりやすい

　3 次元モデルは、製品の形状や構造を容易に理解することができます。このわかりやすさは、製品の情報を他部門へ伝達するのに効果的で、早い段階からの正確なデザインレビューを可能にします。

●作成と編集に強い

　製品を表現するとき、2 次元製図では 3 面図（正面、平面、側面）をそれぞれ描く必要があります。一方、3 次元モデルであれば、図形を 1 つのモデルに集約できます。さらに、パラメトリック修正機能を上手に活用することで、効率良く作成・編集することができます。

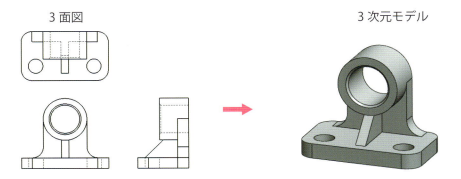

3 面図　　　　　　　　　　　3 次元モデル

●技術計算が速やかにできる

　3 次元モデルは体積情報を持っているため、材質の物性値を設定することによって、重量と重心をすばやく計算することができます。さらに部品と部品が干渉している箇所を一瞬で見つける干渉認識機能は、設計品質の向上に役立ちます。

質量特性機能による重量・重心調査

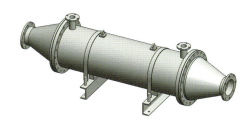

3次元CADとは　9

3　広がる3次元モデルの活用範囲

近年のものづくりにおいて、3次元モデルは設計部だけのものではなく、企画から設計・開発、生産、販売とプロダクト全体へとその活用範囲を広げています。

CAD

Computer Aided Design の略で、コンピューター支援による設計という意味。

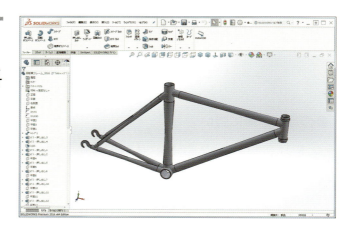

デザイン　　設計・開発　　試作

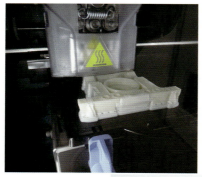

RP

Rapid Prototyping の略で、3次元モデルなどのデータから、実際の品物をすばやく製作する技術のこと。3次元プリンター、光造形装置、3次元切削装置などがある。

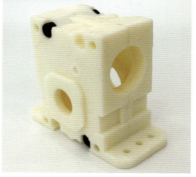

CAE

Computer Aided Engineering の略で、強度、熱、振動、流体など、さまざまな模擬実験をコンピューター上で行う技術。

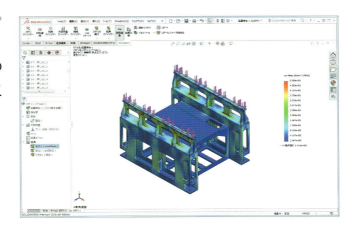

研究　　生産　　販売

レンダリング

3次元モデルから実際の製品の写真のように加工する技術で、近年、パンフレットや製品パッケージに利用されることが多くなってきている。

Chapter 1 導入

2 SOLIDWORKSの特徴

1 履歴型の3次元CAD

SOLIDWORKSは、形状を作る過程が履歴として残ります。単純な形状を複数組み合わせることにより、複雑な形状を作っていきます。このように追加していく単純な形状のことを「フィーチャー」といいます。

1 基礎を作ります
▶ 🔷 ボス - 押し出し1
基礎のフィーチャーが追加される

2 突起を追加します
▶ 🔷 ボス - 押し出し1
➡ ▶ 🔷 ボス - 押し出し2
突起のフィーチャーが追加される

3 穴を追加します
▶ 🔷 ボス - 押し出し1
▶ 🔷 ボス - 押し出し2
➡ ▶ 🔲 カット - 押し出し1
穴のフィーチャーが追加される

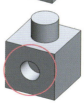

2 パラメトリック修正機能

パラメトリックとは、数を変化させるという意味で使われます。SOLIDWORKSでは、スケッチやフィーチャーの寸法を変更することにより、形状を変化させることができます。履歴をさかのぼって形状を変化させることができるので、設計の検討や変更に役立ちます。

●パラメトリック修正の例…押し出しフィーチャー

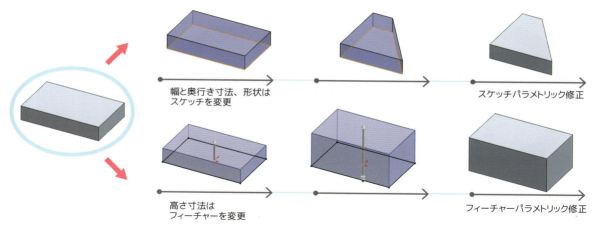

幅と奥行き寸法、形状はスケッチを変更 → スケッチパラメトリック修正

高さ寸法はフィーチャーを変更 → フィーチャーパラメトリック修正

3　ドキュメントの種類

SOLIDWORKSでは、「部品」「アセンブリ」「図面」という3種類のドキュメントを扱います。

部品

部品

フィーチャーを組み合わせて、1つの部品を作ります

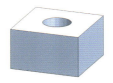

アセンブリ

アセンブリ

空間上で複数の部品を組み立て、アセンブリを構築します

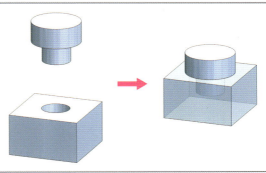

図面

図面

部品やアセンブリから2次元図面を作成します

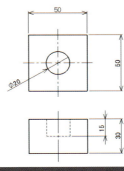

4　双方向完全連想性

SOLIDWORKSでは、部品・アセンブリ・図面といった3つのドキュメントが互いに関係を持っています。例えば部品を変更すると、その変更内容がアセンブリや図面にも反映されるというものです。

部品を変更すると

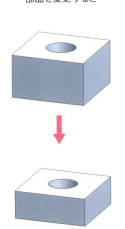

アセンブリにも変更が反映する

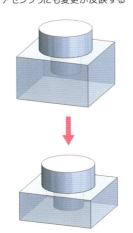

図面にも変更が反映する

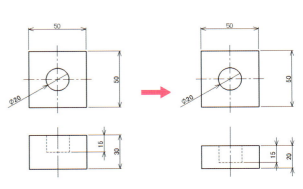

アセンブリや図面からも同様に変更することができ、それぞれに変更内容が反映します

本書の使用方法

本書は、3次元モデルの作成手順を演習形式により解説しています。
さらに重要な箇所は一覧表として掲載しています。

◎章の構成

・Chapter1 は、3次元CAD SOLIDWORKS の基礎知識を習得します。
・Chapter2 は、システムと各種ドキュメントの操作前準備を行います。

※各種ドキュメントを扱う時点に合わせて参照すると理解が深まります。

・Chapter3 は、部品の作成を行います。
・Chapter4 は、Chapter3 で作成した部品を組み立てます。
・Chapter5 は、Chapter3 の部品と Chapter4 のアセンブリから図面を作成します。

※Chapter3からChapter5にかけて、一連の流れとなりますので、順に進めることをお勧めします。

・Chapter6 は、多様な機能を駆使して3次元モデルを作り上げる応用演習です。

◎演習の進め方

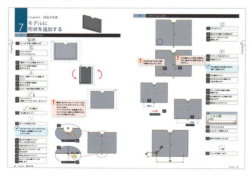

操作手順には番号がふってあります。手順に沿って、操作画面を確認しながら、モデルの作成を進めます。

※操作に慣れないうちは、手順通りに進めていても、つまずくことがあります。このようなときは「取り消し」コマンドで手順をさかのぼって、やり直すと良いでしょう。

● 本書で使われているアイコン ●

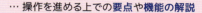

 … 操作を進める上での要点や機能の解説

 … 操作を進める上での確認や注意事項

… 使用する SOLIDWORKS のコマンド

◎本書で扱う3次元モデルデータについて

モデルの作成で困ったときは3次元モデルデータをダウンロードすることができます。

本書で使用する CAD データは、下記のウェブサイトからダウンロードできるようになっています。

http://www.cadrise.jp/

詳しくは、「読者限定特典のご案内」をご覧ください。

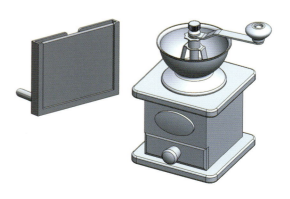

Chapter 2

準備

SOLIDWORKS の設定

1　システムの設定
2　部品ドキュメントの画面構成とコマンドレイアウト
3　アセンブリドキュメントの画面構成
4　図面ドキュメントの画面構成

Chapter 2　準備

1 システムの設定

ここでは、SOLIDWORKS のシステムおよびドキュメントの設定について理解するとともに、本書を有効にご活用いただくために、操作前の準備を行います。
※本書は SOLIDWORKS インストール直後（デフォルト）の状態を基本としています。

1 SOLIDWORKS の設定項目

SOLIDWORKS の設定は、「システムに関する設定」と「ドキュメントごとの設定」の2つに大別されます。

システムオプション

　システムに関する設定は、SOLIDWORKSを終了して次回起動したときも有効であり、すべての作業に適用されます。
　システムに関する設定には次の4つがあり、システムオプションおよびツールバーレイアウトについてはアクセスが多い項目になります。

- キーボードショートカット
  キーボードに割り付けたショートカットの設定
- メニューのカスタム化
  システムのメニュー項目に関する設定
- システムオプション
  システムの一般的なことから、色、テンプレート保存先など、システム全般の設定
- ツールバーレイアウト
  コマンドツールバーの表示と配置の設定

ドキュメントプロパティ

　ドキュメントごとの設定は、現在作業中のドキュメントのみに適用され、ドキュメントプロパティとして扱われます。ドキュメントプロパティは各種ドキュメント（部品、アセンブリ、図面）に設定し、テンプレートに保存しておくことで、いつでもその設定を呼び出すことができます。

 部品　 アセンブリ　 図面

2 現在の設定を保存する

✓ 設定を変更する前に、システムに関する設定のバックアップを必ずとっておきましょう。
付属のツールを使用すれば、システムの設定をファイルに保存したり、そのファイルから回復することができます。

1 「設定のコピーウィザード」を起動します

✓ このとき、SOLIDWORKSは終了しておいてください。起動するには、スタートメニューからすべてのプログラム
→SOLIDWORKS2016→
SOLIDWORKS ツール→設定のコピーウィザードを選択します。

✓ ※ver.2012～2015も同様の手順で起動します。

✓ スタートメニューからすべてのプログラム
→SOLIDWORKS 各バージョン
→SOLIDWORKS各バージョンSP○○
→SOLIDWORKSツール
→設定のコピーウィザードを選択します。
OSにより起動方法が異なります。
※本書ではOS Windows7で作成しています。

✓ OS Windows8の場合
スタート画面を表示し、画面左下に表示されている「下矢印」をクリックすると「すべてのアプリ」で一覧表示されます。そこから選択ができます。

✓ OS Windows10の場合
画面左下のWindowsマークをクリックするとメニューが現れるので「すべてのアプリ」から選択ができます。

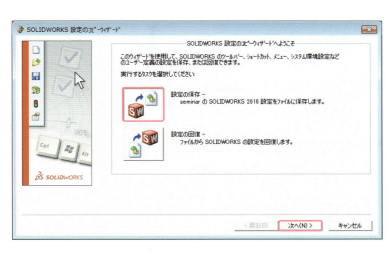

2 「SOLIDWORKS設定のコピーウィザード」ダイアログが開きます

3 設定の保存をクリック

4 次へをクリック

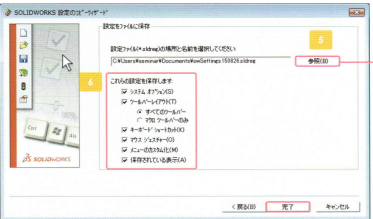

5 参照をクリックし、設定ファイルの保存場所と名前を指定します

✓ ファイル名の例
「2016_インストール直後」

6 保存する設定項目にチェックを入れます

7 完了をクリック

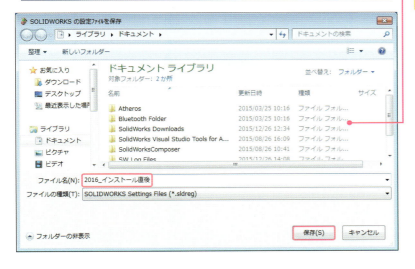

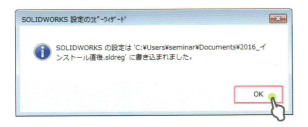

8 確認メッセージが現れます

9 OKをクリック

10 現在の設定が保存できました

保存したファイルから設定を回復するには

設定を回復する場合には以下の手順で作業します。
(必要な時のみ行います。)

1 「SOLIDWORKS Copy Settings Wizard」を起動します

✓ このとき、SOLIDWORKSは終了しておいてください。

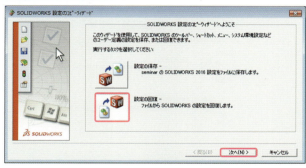

2 「SOLIDWORKS設定のコピーウィザード」ダイアログが開きます

3 設定の回復をクリック

4 次へをクリック

5 参照をクリックし、設定ファイルの場所と名前を指定します

✓ あらかじめ設定ファイルが保存されている場合です。

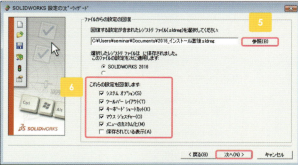

6 回復する設定項目にチェックを入れます

7 次へをクリック

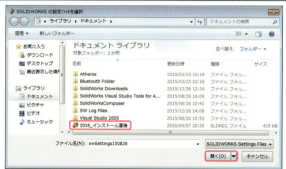

8 現在のユーザーを選択します

🔑 ネットワークにつながっている環境では、必ず管理者に確認してください。

9 次へをクリック

🔑 チェックを入れておくことで現在の設定をバックアップできます。必ずとっておくようにしましょう。

10 完了をクリック

11 設定を読み込んだ後、確認メッセージが現れます

12 OKをクリック

13 設定が回復できました

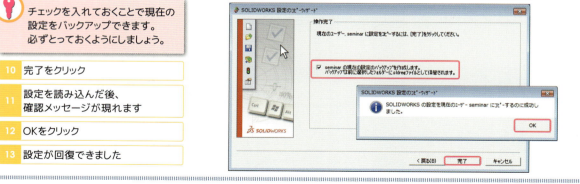

3　システムオプションを初期化する

本書は SOLIDWORKS インストール直後（デフォルト）の状態を基本としています。本書を有効にご活用いただくために、SOLIDWORKS のシステムオプションを初期化し、インストール直後の状態に近づけます。
※一度、初期化すると、ファイルなしでは元に戻せないため、必ずバックアップをとっておきましょう。
※全リセットからでも、デフォルトに戻らない項目があります。

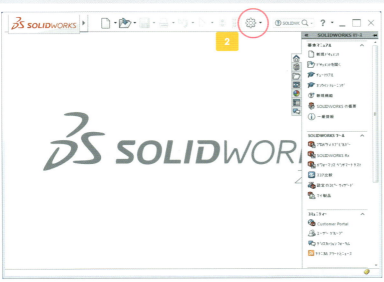

1　SOLIDWORKSを起動します

✓　起動するには、スタートメニューからすべてのプログラム
　→SOLIDWORKS2016
　→SOLIDWORKS2016
　※ver.2009〜2015も同様の手順で起動します。

✓　「使用承諾書のダイアログボックス」が現れた場合は、次ページをご参照ください。

2　＜メニューバー＞「オプション」をクリックすると

🔑　ver.2015以前の
「オプション」アイコンは
 になります。

3　システムオプション設定画面が現れます

4　リセットをクリック

5　確認メッセージが現れます

6　「すべてのオプションをリセット」をクリック

7　OKをクリック

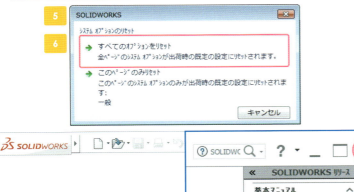

8　SOLIDWORKSを終了します

✓　変更した設定を反映させるためには、SOLIDWORKSを再起動する必要があります。

インストール後、初めて SOLIDWORKS を起動する場合

インストール後初めて SOLIDWORKS を起動する場合、システムが単位系を確認してきます。
確認は一度だけで、選択した設定はそれぞれのデフォルトテンプレート（部品、アセンブリ、図面）
に適用されます。

1	SOLIDWORKSを起動します
2	「使用許諾書」のダイアログボックスが現れます
3	「同意します」をクリック

🔑 SOLIDWORKS製品を使用するためには、使用許諾書に同意する必要があります。

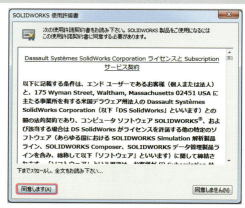

| 4 | 「SOLIDWORKSへようこそ」のダイアログボックスが現れます |

 ヘルプの設定です。表示されない場合は手順6へ進みます。

5	OKをクリック
6	<メニューバー>「新規」をクリックすると
7	「標準単位と寸法」のダイアログボックスが現れます
8	次のように設定します 単位：「MMGS（mm、g、秒）」 寸法の標準設定：「JIS」
9	OKをクリック
10	新規ドキュメントダイアログボックスが現れます
11	キャンセルをクリック
12	SOLIDWORKSを終了します

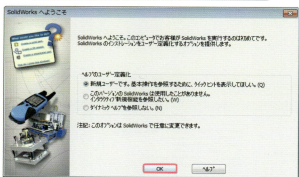

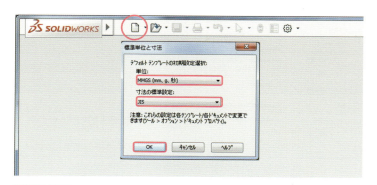

✅ 次回起動時からは、使用許諾同意と単位系設定の確認はなく、新規作成から、すぐに新規ドキュメントダイアログボックスが現れます。

Chapter 2 準備

2 部品ドキュメントの画面構成とコマンドレイアウト

1 新しく部品ドキュメントを作成する

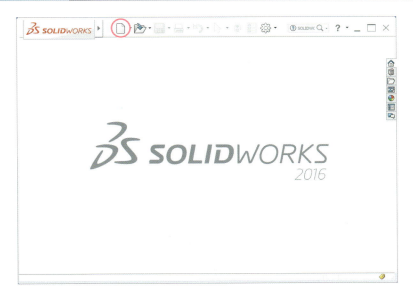

1 SOLIDWORKSを起動します

2 <メニューバー>
「新規」アイコンをクリックすると

3 「新規SOLIDWORKSドキュメント」ダイアログボックスが現れます

✓ アドバンス表示になっている場合は、「ビギナー」ボタンをクリックして、ビギナー表示に切り替えます。

4 「部品」を選択します

5 OKをクリック

アドバンス表示

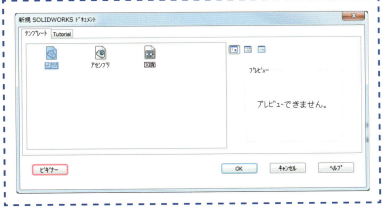

部品ドキュメントの画面構成とコマンドレイアウト　21

6 新しく部品ファイルが開きました

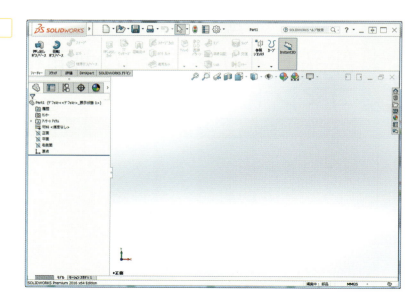

2　コマンドのレイアウトと設定を変更する

コマンドのレイアウトと設定を変更します。
・標準表示方向のアイコン配置
・Instant3D の解除
・Instant2D の解除

●設定変更前の部品ドキュメント画面構成

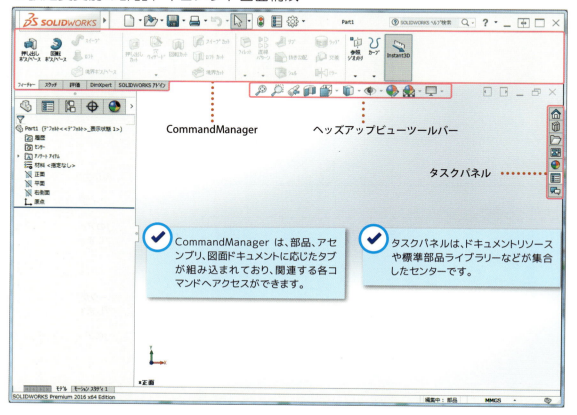

✓ CommandManager は、部品、アセンブリ、図面ドキュメントに応じたタブが組み込まれており、関連する各コマンドへアクセスができます。

✓ タスクパネルは、ドキュメントリソースや標準部品ライブラリーなどが集合したセンターです。

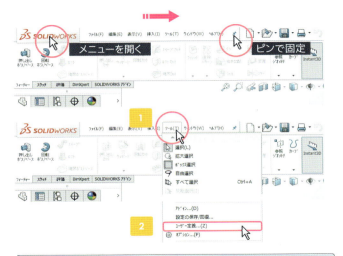

図の位置にマウスポインタを合わせるとメニューが開きます。
ピンをクリックすることでメニューバーを常に表示しておくことができます。

| 1 | <メニューバー>「ツール」をクリック |
| 2 | 「ユーザー定義...」を選択すると |

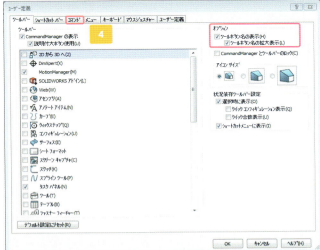

| 3 | 「ユーザー定義」ダイアログボックスが現れます |

本書ではアイコンがわかりやすいようにオプションの拡大サイズアイコンを使用しています。

| 4 | <コマンドタブ>をクリックします |

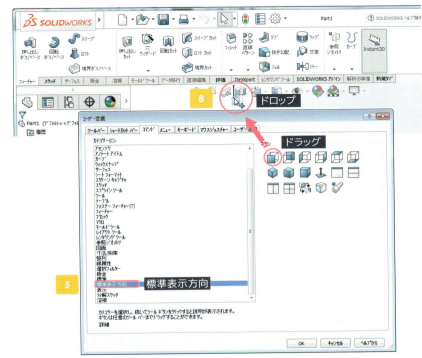

5	「標準表示方向」を選択すると
6	右側にアイコンが表示されます
7	「正面」のアイコンを図の位置までドラッグします

| 8 | 「+」マークが現れたらドロップします |
| 9 | 「正面」のアイコンが配置できました |

部品ドキュメントの画面構成とコマンドレイアウト 23

10	同様に残りのアイコンも図のように配置します
✓	「正面」「背面」「左側面」「右側面」「平面」「底面」「等角投影」「不等角投影」「選択アイテムに垂直」を配置します。
11	「標準表示方向フライアウト」アイコンをドラッグします
12	「×」マークが現れたところでドロップします
13	アイコンが取り除けました
✓	CommandManagerにもアイコンを追加することができます。
14	OKをクリック
15	標準表示方向のアイコンが配置できました

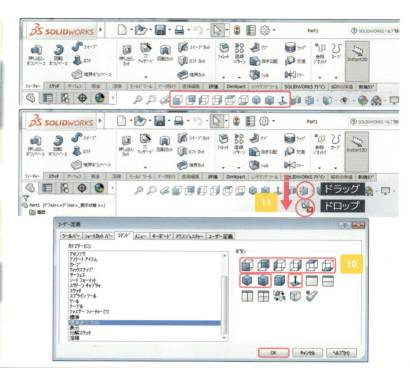

3 Instant3Dの解除

1	<フィーチャータブ>「Instant3D」アイコンをオフにします
✓	Instant3Dは、マウス操作によるダイレクトなモデル編集が行える機能です。本書では基本をしっかりと押さえるため、解除して進めます。

4 Instant2Dの解除

1	<スケッチタブ>「Instant2D」アイコンをオフにします
✓	Instant2Dは、マウス操作によるダイレクトなスケッチ編集が行える機能です。本書では基本をしっかりと押さえるため、解除して進めます。

5 部品ドキュメントを閉じる

1	部品ドキュメントを閉じます
2	保存確認のダイアログボックスが現れます
3	「保存しない」をクリック

Chapter 2 準備

3 アセンブリドキュメントの画面構成

1 新しくアセンブリドキュメントを作成する

1. <メニューバー>
「新規」アイコンをクリックすると
2. 「新規SOLIDWORKSドキュメント」ダイアログボックスが現れます
3. 「アセンブリ」を選択します
4. OKをクリック
5. 新しくアセンブリファイルが開きました

2 アセンブリドキュメントの画面構成を確認する

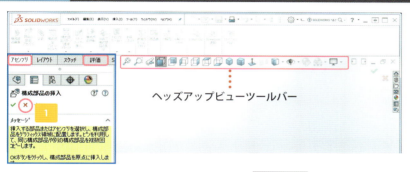

1. 「構成部品の挿入」をキャンセルします
2. CommandManagerに
<アセンブリタブ>
<評価タブ>
があるか確認します

3. <ヘッズアップビューツールバー>に
「標準表示方向」の
アイコンがあるか確認します

✔ タブが表示されていない場合はタブの上で右クリックするとメニューが現れます。表示したいタブを選択します。

✔ ヘッズアップビューツールバーに「標準表示方向」のアイコンがない場合は部品ドキュメントの設定P23と同様にアイコンを配置します。

3 アセンブリドキュメントを閉じる

1. アセンブリドキュメントを閉じます

✔ P27のアセンブリドキュメント設定変更後の画面構成を参照。

アセンブリドキュメントの画面構成が確認できました。

アセンブリドキュメントの画面構成　25

Chapter 2 準備

4 図面ドキュメントの画面構成

1 新しく図面ドキュメントを作成する

1. <メニューバー>「新規」アイコンをクリックすると
2. 「新規SOLIDWORKSドキュメント」ダイアログボックスが現れます
3. 「図面」を選択します
4. OKをクリックすると

5. 「シートフォーマット/シートサイズ」が現れます

6. 「キャンセル」をクリック
7. 新しく図面ファイルが開きました

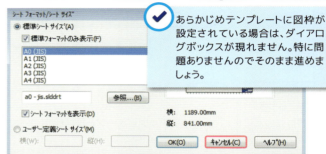

✓ あらかじめテンプレートに図枠が設定されている場合は、ダイアログボックスが現れません。特に問題ありませんのでそのまま進めましょう。

2 図面ドキュメントの画面構成を確認する

1. 「モデルビュー」をキャンセルします

2. CommandManagerに
   <レイアウト表示タブ>
   <アノテートアイテムタブ>
   <シートフォーマットタブ>
   があるか確認します

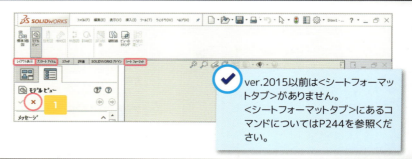

✓ ver.2015以前は<シートフォーマットタブ>がありません。
<シートフォーマットタブ>にあるコマンドについてはP244を参照ください。

3 図面ドキュメントを閉じる

1. 図面ドキュメントを閉じます

図面ドキュメントの画面構成が確認できました。
次は、いよいよモデルの作成に入っていきます。

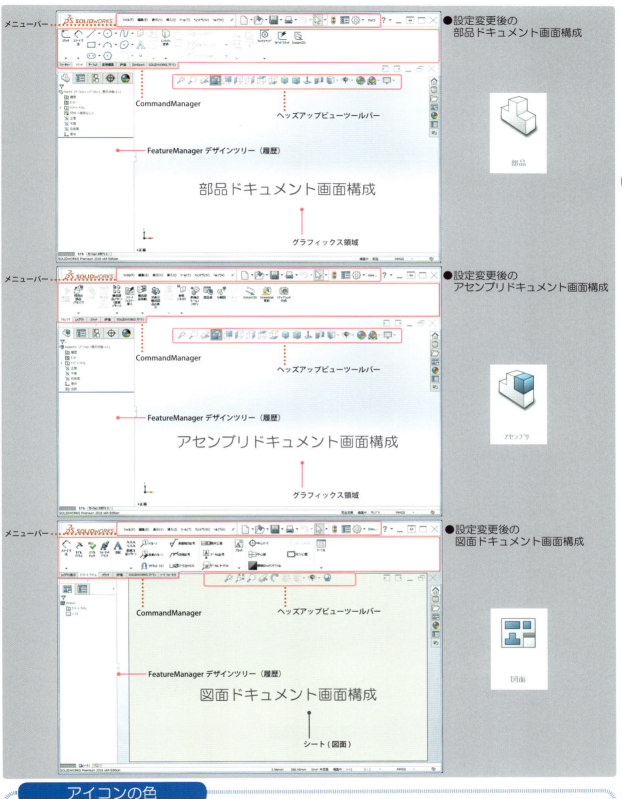

● 設定変更後の部品ドキュメント画面構成

● 設定変更後のアセンブリドキュメント画面構成

● 設定変更後の図面ドキュメント画面構成

アイコンの色

インターフェースの色合いがver.2016から青色・グレー基調の色になりました。ver.2015以前では黄色・緑色基調のアイコンとなります。本書ではver.2016のデフォルト設定の表示アイコンになります。

アイコン色の変更方法はP246「クラシック表示の方法」を参照ください。

図面ドキュメントの画面構成 27

基本操作をマスターしよう

● 「カードスタンド」を作る

　モデルは「カードスタンド」です。
　カードスタンドの作成を通して、基本操作および3種類のドキュメントを作成する流れを習得していきます。基本となる部品の作成をChapter3、作った部品を組み立てるアセンブリをChapter4、それらのモデルから2次元図面を作成する操作をChapter5で解説していきます。

カードスタンド

Chapter3　部品の作成

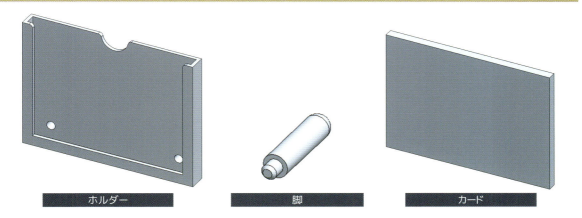

Chapter4　アセンブリの作成

CHapter5　図面の作成

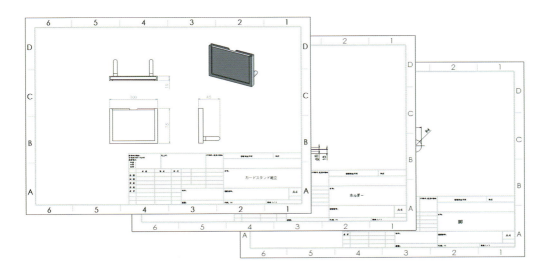

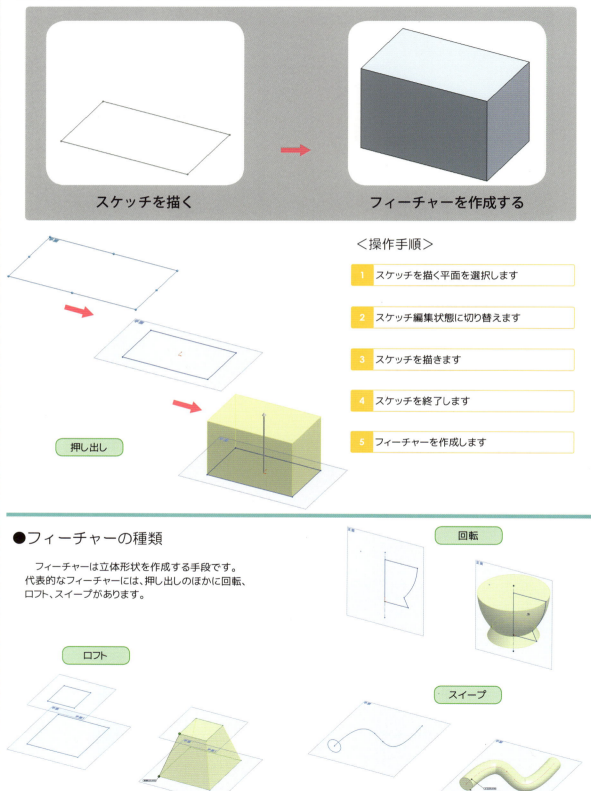

Chapter 3

部品の作成

部品を作成してみよう

1 新しく部品を作成する

2 スケッチを描く

3 スケッチを押し出して立体を作る

4 モデルの表示操作

5 モデルの中身をくり抜く

6 スケッチを押し出してモデルをカットする

7 モデルに形状を追加する

8 形状を複写する

9 角を丸める

10 スケッチの完全定義

11 モデルの修正

12 スケッチを回転してモデルを作る

Chapter 3　部品の作成

ホルダー

1 新しく部品を作成する

1 部品ドキュメントを作成する

1	<メニューバー>「新規」をクリック
2	「新規SOLIDWORKSドキュメント」ダイアログボックスが現れます

3	「部品」を選択します
4	OKをクリック

5	新しく部品ドキュメントが開きます

✓ グラフィックス領域の背景色は、<ヘッズアップビューツールバー>「シーン適用」から変更することができます。

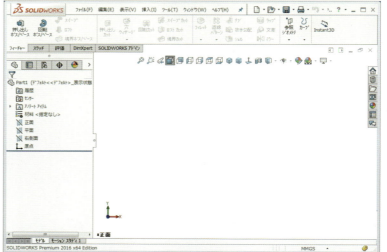

6	<ヘッズアップビューツールバー>「アイテムを表示/非表示」をクリック
7	「原点」をクリック
8	グラフィックス領域の中心に原点が表示されました

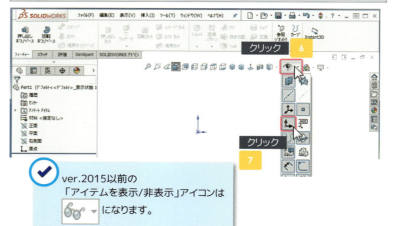

✓ ver.2015以前の「アイテムを表示/非表示」アイコンは　　　になります。

●部品ドキュメント画面構成

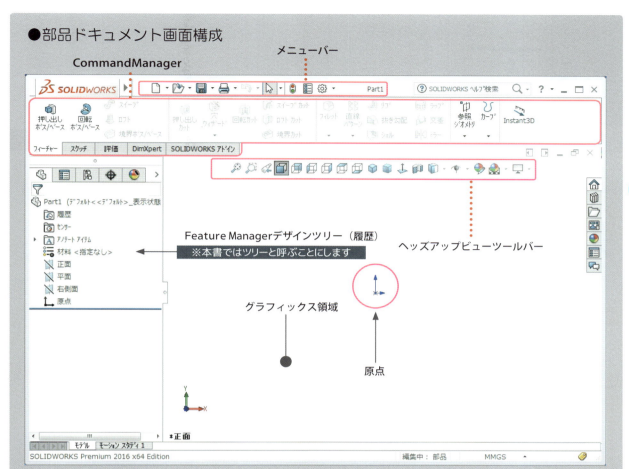

●基本3面（標準3面）と原点

　基本3面の「正面」「平面」「右側面」は、モデルを構築していくための"基準"として重要です。最初の形状を作成するには、必ずいずれかの平面を参照する必要があります。

　また、基本3面の交わる点が「原点」であり、スケッチを描くときなどの"基準"になります。表示されているのは無限に広がる平面の一部で、基本3面はスケッチやモデルに合わせて自動的に表示の大きさが変化します。

　ver.2016から基本3面を一度に表示することができます。

　<ヘッズアップビューツールバー>の「アイテムを表示/非表示」をクリック。「基本平面の表示/非表示」をクリックで表示できます。

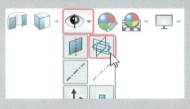

ツリーから選択した基本3面を表示することもできます。

新しく部品を作成する　33

Chapter 3 部品の作成

2 スケッチを描く

1 スケッチを開始する

正面

1 ツリーの「正面」をクリック

2 グラフィックス領域に「正面」が現れます

✓ 現れた水色の長方形が基本3面の「正面」です。水色は要素が選択されていることを意味します。

3 <スケッチタブ>をクリック

スケッチ

4 「スケッチ」をクリック

5 スケッチ編集状態に入ります

6 Escキーを押すと

7 「正面」の選択を解除することができます

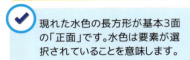

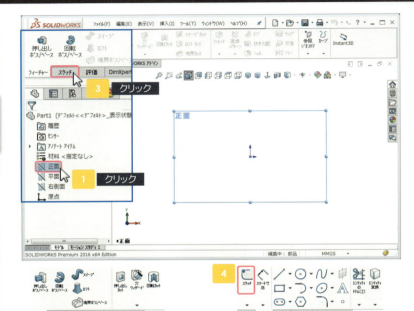

●スケッチ編集状態

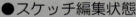

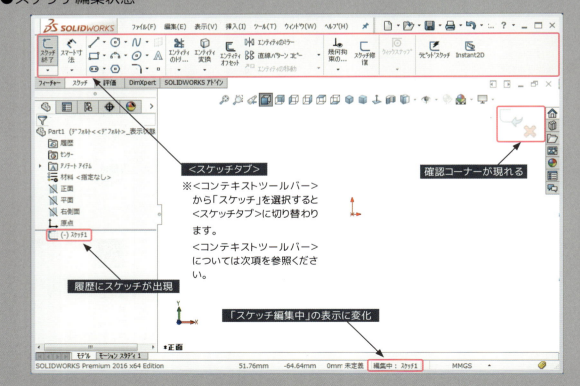

<スケッチタブ>
※<コンテキストツールバー>から「スケッチ」を選択すると<スケッチタブ>に切り替わります。
<コンテキストツールバー>については次項を参照ください。

確認コーナーが現れる

履歴にスケッチが出現

「スケッチ編集中」の表示に変化

34 Chapter3 部品の作成

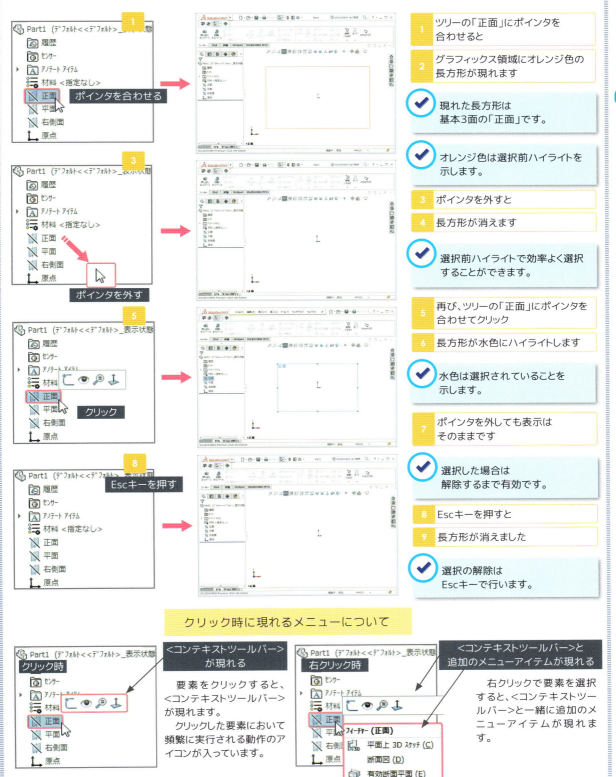

2 スケッチを描く

1 <スケッチタブ>「矩形」をクリック

2 ポインタが変化します

✓ 矩形タイプは、「矩形コーナー」を使います。

3 ポインタを原点に合わせるとオレンジ色の丸いマークが現れます

4 そこでクリック

5 ポインタを右上に移動します

6 適当なところでクリック

7 Escキーを押すと

8 矩形コマンドが解除されます

9 矩形が描けました

🔑 スケッチに表示されている四角いマークは、拘束マークです。拘束についてはP65で説明します。また拘束マークの種類についてはP84を参照ください。

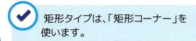

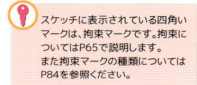

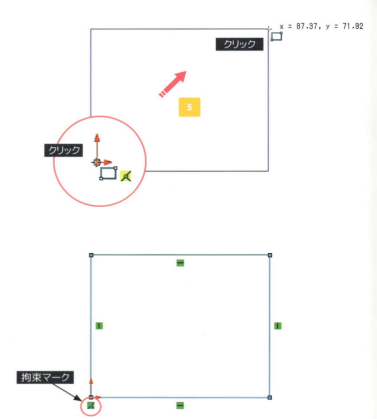

操作をまちがえたときには

直前の操作を取り消すには

1 <メニューバー>「取り消し」をクリック

2 直前の操作を取り消すことができます

取り消した操作をやり直すには

1 <メニューバー>「編集」の「やり直し」をクリック

2 取り消した操作をやり直すことができます

✓ 取り消しコマンドは「ツール」「ユーザー定義」「コマンド」「表示」からメニューバーに追加することができます。

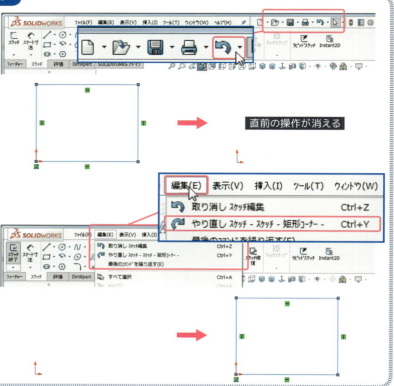

36 Chapter3 部品の作成

3 寸法を入れる

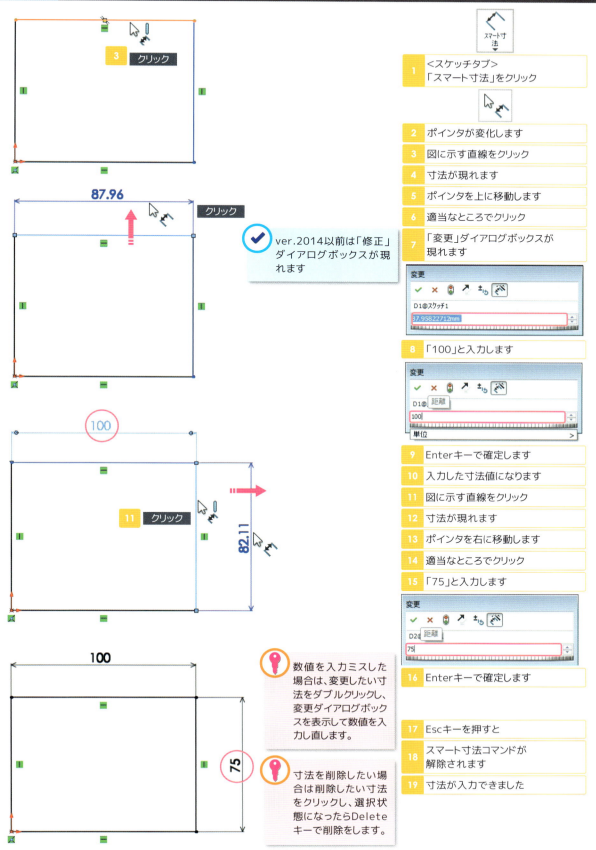

要素の選択方法と削除

不要な要素を削除するには、その要素を選択して Delete キーを押します。

まとめて選択する方法

1. 要素を左から右へドラッグして囲みます
2. ドラッグの枠内に入った要素がすべて選択されます

✓ 右から左にドラッグした場合、枠に交差した要素も選択されます。

要素ごとに選択する方法

1. 要素をクリックすると選択されます

✓ Ctrlキーを押しながら2本の線をクリックすると、2要素を同時に選択した状態になります。

選択した要素を削除する方法

1. 選択した状態でDeleteキーを押すと削除されます

✓ 寸法の定義された要素を削除しようとすると、「削除確認」のダイアログボックスが表示されます。「はい」で寸法も含めて削除されます。

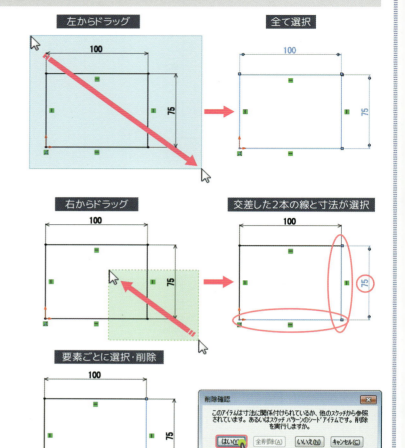

4 スケッチを終了する

1. 「スケッチ終了」をクリック
2. スケッチ編集状態から部品編集状態に戻ります

✓ 部品編集状態になるとグラフィックス領域の確認コーナーの表示が消えます。

3. 「スケッチ1」がツリーに追加されています

✓ 通常、スケッチ編集を終了した直後は、スケッチが選択された状態（水色）になります。

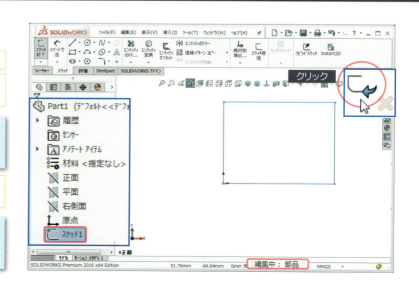

終了したスケッチの編集方法

スケッチを修正する必要がある場合、間違えてスケッチを終了してしまった場合などに、再びスケッチを編集することができます。

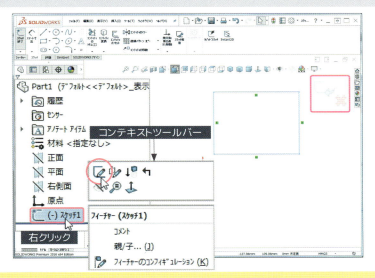

再びスケッチを編集するには

1. ツリーから、編集するスケッチにポインタを合わせます
2. 右クリックするとメニューが表示されます
3. <コンテキストツールバー>「スケッチ編集」をクリックすると
4. スケッチ編集状態に入ります

✓ スケッチ編集状態になるとグラフィックス領域の確認コーナーが現れます。

スケッチ編集の終了

例えば、矩形から円にスケッチ編集した場合

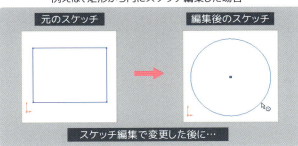

元のスケッチ → 編集後のスケッチ

スケッチ編集で変更した後に…

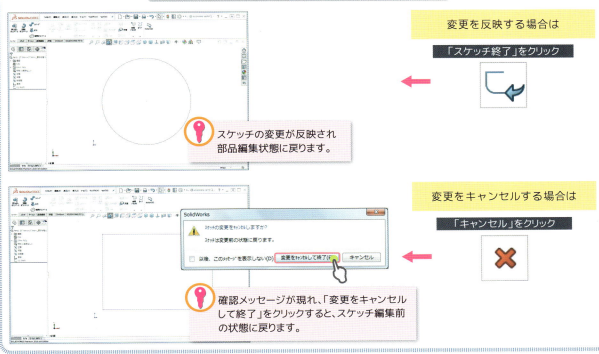

変更を反映する場合は「スケッチ終了」をクリック

🔑 スケッチの変更が反映され部品編集状態に戻ります。

変更をキャンセルする場合は「キャンセル」をクリック

🔑 確認メッセージが現れ、「変更をキャンセルして終了」をクリックすると、スケッチ編集前の状態に戻ります。

Chapter 3　部品の作成

3 スケッチを押し出して立体を作る

1　スケッチを押し出す

1　スケッチが選択されているかを確認します

🔑 スケッチの色が水色であれば選択されている状態です。
スケッチの選択については次のページを参照してください。

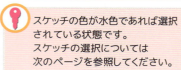

2　＜フィーチャータブ＞
「押し出しボス/ベース」をクリック

✓ スケッチを終了するとCommand Managerが＜スケッチタブ＞から、＜フィーチャータブ＞へ切り替わります。切り替わらない場合は、フィーチャータブをクリックします。

3　コマンドに入ると、ツリーがプロパティマネージャーに切り替わります

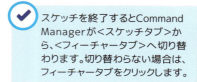

4　スケッチが押し出されます

5　押し出し方向を確認します

6　OKをクリック

40　Chapter3　部品の作成

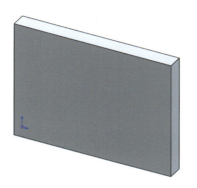

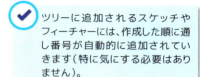

7 立体ができました

✓ ツリーに追加されるスケッチやフィーチャーには、作成した順に通し番号が自動的に追加されていきます（特に気にする必要はありません）。

🔑 お使いのSOLIDWORKSのバージョンによっては、フィーチャーの呼称が若干異なることがあります。

スケッチの選択

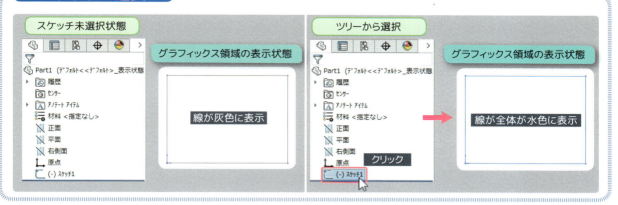

履歴の参照関係表示

履歴の前後で参照関係をもっているスケッチやフィーチャーを矢印で現すことができます。表示のオン・オフはツリーのドキュメント名を右クリックすると<コンテキストツールバー>が現れ、「ダイナミック参照の可視化（親）」、「ダイナミック参照の可視化（子）」のボタンをクリックでオン・オフを切り替えられます。

ver.2015では親の表示のみ、ver.2016では親・子の表示ができます。

親子関係とは

スケッチ1は正面を参照して描かれていて、原点と一致しているので「スケッチ1」にとって「正面」「原点」は「親」になります。

スケッチ1を元にボス-押し出し1が構築されているので「スケッチ1」にとって「ボス-押し出し1」は「子」になります。

階層リンク

モデルの面をクリックするとその面を構成している関連するスケッチとフィーチャーが階層リンクでわかります（ver.2016からの機能です）。

スケッチを押し出して立体を作る　41

Chapter 3 部品の作成

4 モデルの表示操作

1 表示の拡大縮小

1. マウスのホイールを手前に転がすと
2. ポインタの位置を中心に拡大します
3. マウスのホイールを奥に転がすと
4. ポインタの位置を中心に縮小します

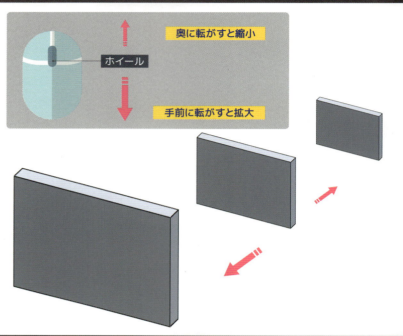

✓ 操作説明では原点を非表示にしています。原点の表示方法はP32を参照してください。

2 ウィンドウにフィット

1. <ヘッズアップビューツールバー>「ウィンドウにフィット」をクリック
2. モデルがウィンドウに合わせた大きさになります

✓ 表示の向きはそのまま保たれます。

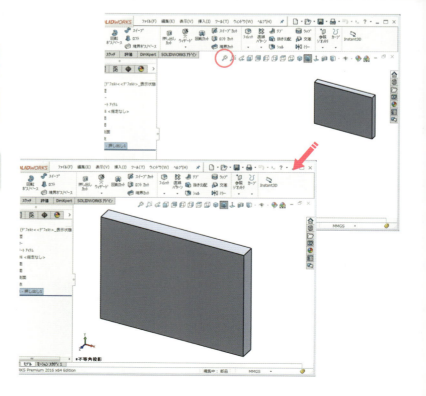

3　表示の平行移動

1. Ctrlキーを押しながらマウスの
ホイールをドラッグすると

2. ポインタが変化し、モデルを平行移動できます

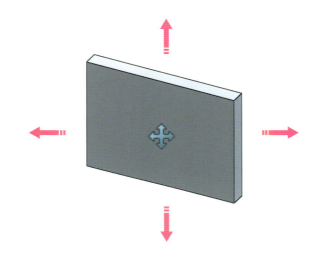

4　表示の回転

1. マウスのホイールをドラッグすると

2. ポインタが変化し、モデルを回転できます

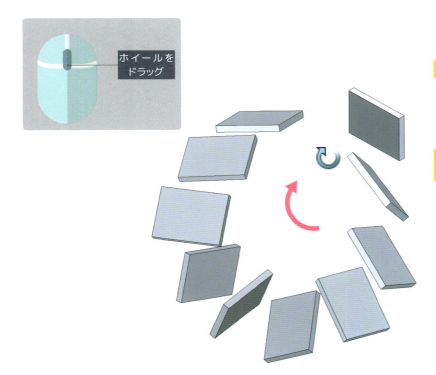

5　一部を拡大

1. <ヘッズアップビューツールバー>
「一部拡大」をクリック

2. ポインタが変化します

3. 拡大する部分をドラッグして囲みます

4. 囲まれた部分が拡大します

5. Escキーを押すと一部拡大コマンドが解除されます

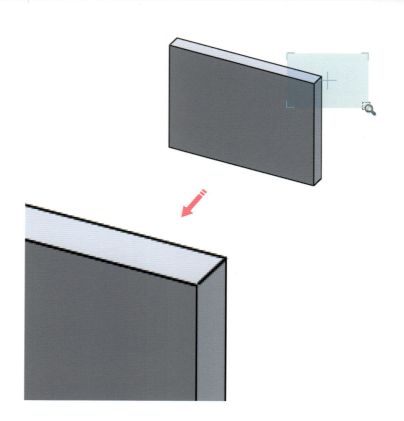

6　標準の表示にする

1. <ヘッズアップビューツールバー>
「等角投影」をクリック

2. モデルの表示が等角投影になり、ウィンドウにフィットします

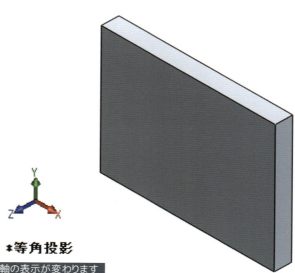

＊等角投影
座標軸の表示が変わります

44　Chapter3　部品の作成

●標準表示方向を確認してみよう

平面

等角投影

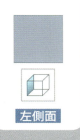
左側面

正面

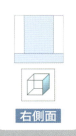
右側面

背面

不等角投影

底面

下から見た場合

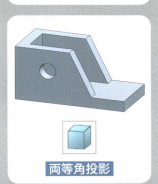
両等角投影

※本書の設定では両等角投影のコマンドを配置していません。コマンドの配置方法はP25を参照してください。

●マウスジェスチャー

部品編集中

マウスジェスチャー

スケッチ編集中

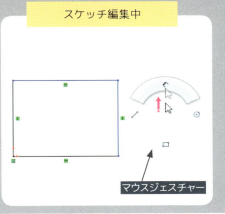
マウスジェスチャー

マウスの右ボタンでドラッグを始めるとマウスジェスチャーが表示されます。

表示されたコマンドの方向にそのままドラッグするとコマンドが選択できます。

部品編集中とスケッチ編集中でマウスジェスチャーに表示されるコマンドが異なります。

Chapter 3 部品の作成

5 モデルの中身をくり抜く

1 モデルの中身をくり抜く

1 <ヘッズアップビューツールバー>「不等角投影」をクリック

2 <フィーチャータブ>「シェル」をクリック

3 ツリーがプロパティマネジャーに切り替わります

4 厚みを「2」と入力します

5 図に示す面を選択します

6 形状がプレビューされます

✓ 「プレビュー表示」にチェックを入れることでプレビューされます。

7 OKをクリック

8 モデルの中身がくり抜かれました

✓ この面を選択。色が水色になります。

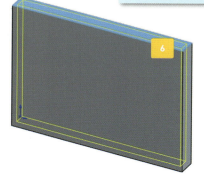

✓ 選択する面を間違えてしまった場合には、選択した面をもう一度クリックすることで解除することができます。

🔑 クリックした面が選択されます。

2　モデルの断面を見る

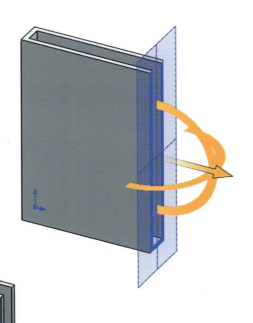

1. <ヘッズアップビューツールバー>
   「断面表示」をクリック

2. 「右側面」を選択します

3. 距離を「50」と入力します

4. OKをクリック

5. 断面が表示されました

6. 「断面表示」をクリックすると解除できます

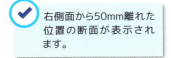

右側面から50mm離れた位置の断面が表示されます。

●表示の種類

<ヘッズアップビューツールバー>
「表示スタイル」をクリックし変更することができます。

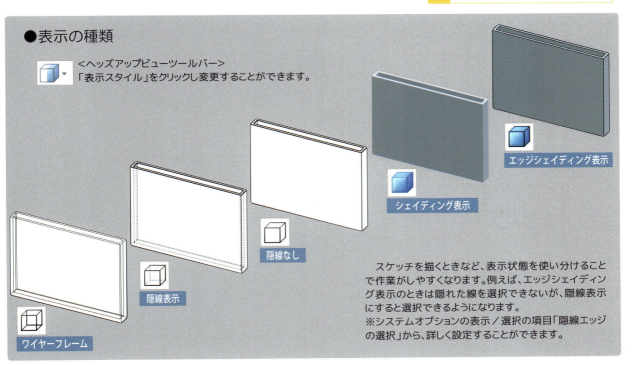

スケッチを描くときなど、表示状態を使い分けることで作業がしやすくなります。例えば、エッジシェイディング表示のときは隠れた線を選択できないが、隠線表示にすると選択できるようになります。
※システムオプションの表示／選択の項目「隠線エッジの選択」から、詳しく設定することができます。

Chapter 3 部品の作成

6 スケッチを押し出してモデルをカットする

1 モデルの面を選択してスケッチを描く

1 図に示す面を選択します

2 <スケッチタブ>をクリック

✓ CommandManagerの<スケッチタブ>をクリックしてタブを切り替えます。

3 「スケッチ」をクリック

4 スケッチ編集状態に入ります

5 <ヘッズアップビューツールバー>「選択アイテムに垂直」をクリック

✓ 選択面に対して垂直に表示するコマンドです。
スケッチが描きやすくなります。

6 Escキーで面の選択を解除します

🔑 スケッチに入っても、参照した面の選択が継続しています。
選択を解除するにはEscキーを押す、またはグラフィックス領域内でモデルのない部分をクリックします。

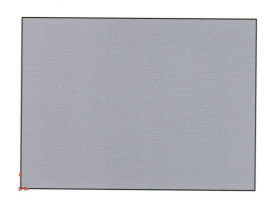

2　モデルに一致させてスケッチを描く

1	「矩形」をクリック
2	ポインタを図に示すエッジに合わせると
3	ポインタの右下に一致のマークが現れます
4	マークが表示されたところでクリック

5	図のようにポインタを移動します
6	図に示す位置でクリック
7	Escキーで矩形コマンドを解除します

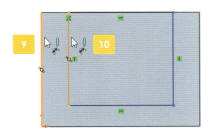

8	「スマート寸法」をクリック
9	モデルのエッジをクリック
10	スケッチの直線をクリック

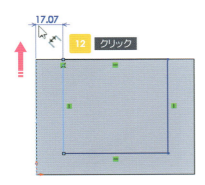

11	寸法が現れます
12	ポインタを上に移動して適当なところでクリック

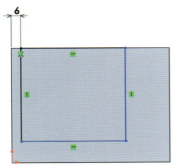

13	「6」と入力します
14	Enterキーで確定します

| 15 | 同様にして、残りの寸法を入力します |

✓ スケッチの線が青色から黒色に変わります。

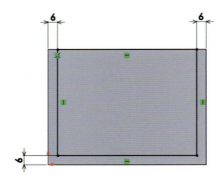

| 16 | スケッチを終了します |

3 スケッチを押し出してモデルをカットする①

| 1 | スケッチが選択されているかを確認します |

✓ スケッチの選択についてはP41を参照ください。

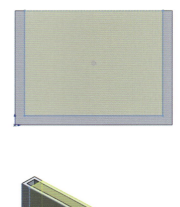

| 2 | <フィーチャータブ>「押し出しカット」をクリック |

| 3 | <ヘッズアップビューツールバー>「等角投影」をクリック |

✓ プレビューを確認しやすいように、表示の向きを整えます。

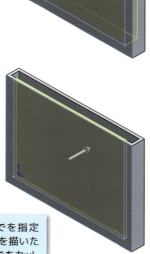

| 4 | 押し出し状態を「次サーフェスまで」にします |

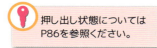 押し出し状態についてはP86を参照ください。

✓ 次サーフェスまでを指定すると、スケッチを描いた面から次の面までをカットします。

50 Chapter3 部品の作成

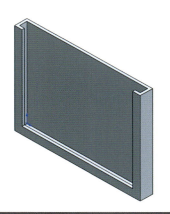

5 OKをクリック

6 モデルをカットすることが
できました

4 円を描く

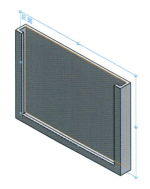

正面

1 ツリーの「正面」を選択します

2 <スケッチタブ>
「スケッチ」をクリック

3 「選択アイテムに垂直」をクリック

4 Escキーで面の選択を解除します

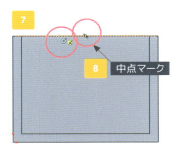

中点マーク

5 <スケッチタブ>
「円」をクリック

6 ポインタが変化します

7 ポインタを図に示すエッジに
合わせると

8 中点マークが現れます

クリック

9 ポインタを中点マークに
合わせてクリック

クリック

10 ポインタを動かすと円が現れます

11 適当なところでクリック

スケッチを押し出してモデルをカットする 51

| 12 | 円が描けました |

| 13 | Escキーで円コマンドを解除します |

| 14 | 「スマート寸法」をクリック |

| 15 | 円をクリック |

| 16 | 寸法が現れます |

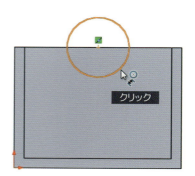

| 17 | 図に示す位置でクリック |

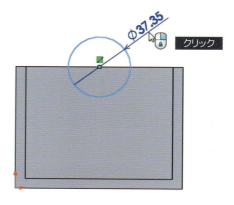

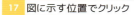

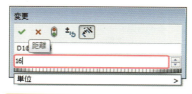

| 18 | 「16」と入力します |

| 19 | Enterキーで確定します |

| 20 | スケッチを終了します |

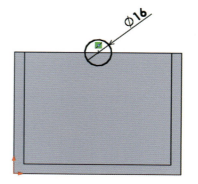

52　Chapter3　部品の作成

5 スケッチを押し出してモデルをカットする②

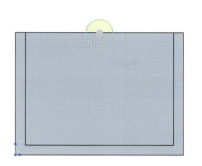

1. スケッチが選択されているかを確認します

2. <フィーチャータブ>
「押し出しカット」をクリック

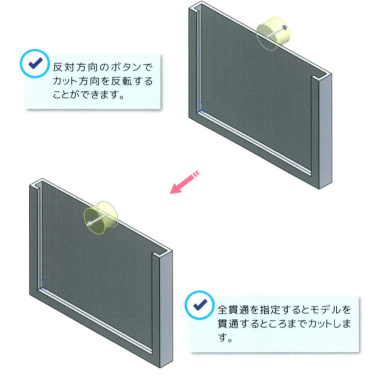

反対方向のボタンでカット方向を反転することができます。

全貫通を指定するとモデルを貫通するところまでカットします。

3. 「等角投影」をクリック

4. 反対方向をクリック

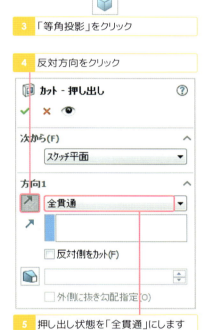

5. 押し出し状態を「全貫通」にします

押し出し状態については
P86を参照ください。

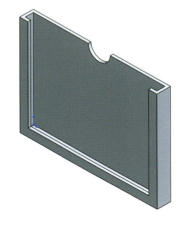

6. OKをクリック

7. モデルをカットすることができました

Chapter 3　部品の作成

7　モデルに形状を追加する

1　中心線を描く

| 1 | ツリーの「正面」を選択します |

| 2 | <スケッチタブ>「スケッチ」をクリック |

| 3 | 「選択アイテムに垂直」をクリック |
| 4 | モデルの正面が垂直に表示されます |

5	さらに、「選択アイテムに垂直」をクリック
6	モデルの背面が垂直に表示されます
7	Escキーで面の選択を解除します

| 8 | <スケッチタブ>「直線フライアウトボタン」をクリック |

| 9 | 「中心線」をクリック |

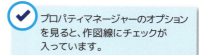

| 10 | ポインタが変化します |
| ✓ | プロパティマネージャーのオプションを見ると、作図線にチェックが入っています。 |

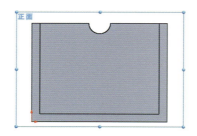

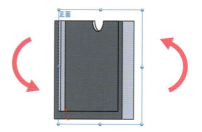

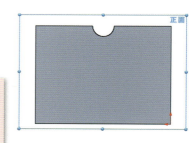

11	図に示す円弧のエッジにポインタを合わせます
12	中点に合わせてクリック
13	図に示すエッジにポインタを合わせます
14	中点に合わせてクリック
15	Escキーで中心線コマンドを解除します

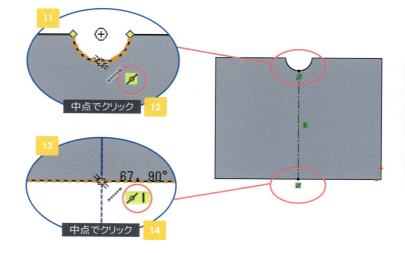

類似するコマンドは、ツールバーにあるフライアウトボタンでグループ化されています。
フライアウトボタンを展開せずに、クリックすると、前回使用されたコマンドが実行されます。

54　Chapter3　部品の作成

2 対称寸法の追加

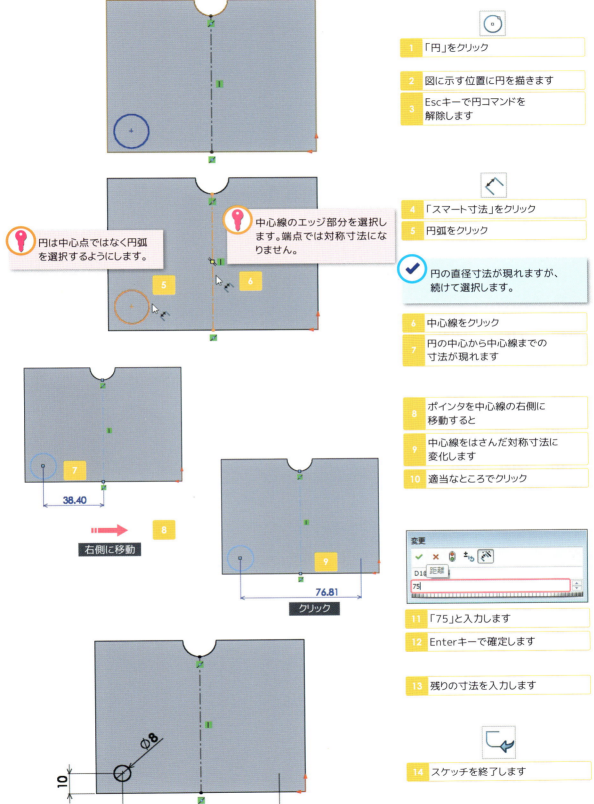

3 突起の追加

1 スケッチが選択状態になっていることを確認します

2 <フィーチャータブ>
「押し出しボス/ベース」をクリック

3 図のように表示を回転させて調整します

4 反対方向をクリック

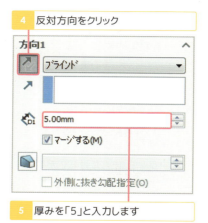

5 厚みを「5」と入力します

6 OKをクリック

7 突起を追加することができました

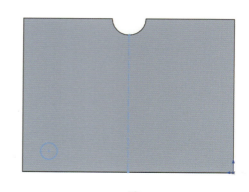

56 Chapter3 部品の作成

4 円筒の突起と同心の円を描く

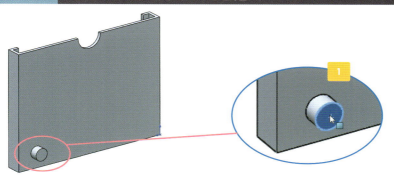

| 1 | 図に示す面を選択します |

| 2 | <スケッチタブ> 「スケッチ」をクリック |

| 3 | 「選択アイテムに垂直」をクリック |

4	「一部拡大」をクリック
5	図に示す部分をドラッグし囲みます
6	Escキーを2回押します

🔑 1回目で一部拡大が解除され 2回目で面選択が解除されます。

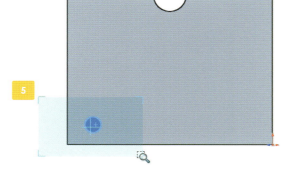

7	「円」をクリック
8	ポインタを突起のエッジに合わせると
9	中心マークが現れます
10	中心マークにポインタを合わせてクリック
11	ポインタを動かして図に示す位置でクリック
12	突起と同心の円が描けました
13	Escキーでコマンドを解除します

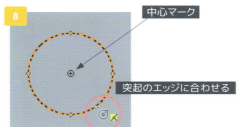

🔑 円や円弧の中心をスナップするには、スケッチコマンドに入った状態でポインタを円に合わせると中心マークが現れます。

ここでクリック

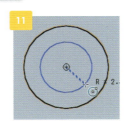

14	「スマート寸法」をクリック
15	図のような寸法を入力します
16	Escキーでコマンドを解除します

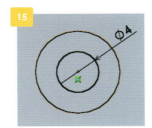

| 17 | スケッチを終了します |

5 穴をあける

| 1 | スケッチが選択状態になっていることを確認します |

| 2 | <フィーチャータブ>「押し出しカット」をクリック |

| 3 | 「不等角投影」をクリック |

| 4 | 押し出し状態を「次サーフェスまで」にします |

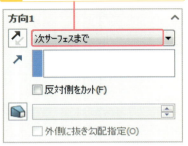

| 5 | OKをクリック |

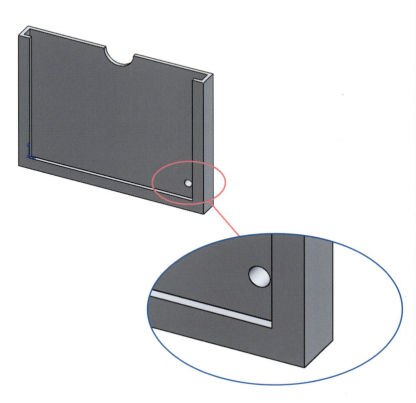

| 6 | 穴があきました |

寸法の入力〈一方が円の場合の距離〉

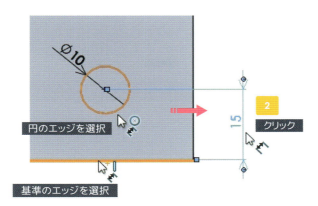

1 円と直線の間に寸法を入力します

🔑 寸法を入力するときに円の中心を選択してしまうと、寸法位置を切り替えることができません。

2 寸法をクリックし、選択状態にします

✓ 寸法入力直後は、選択状態になっています。

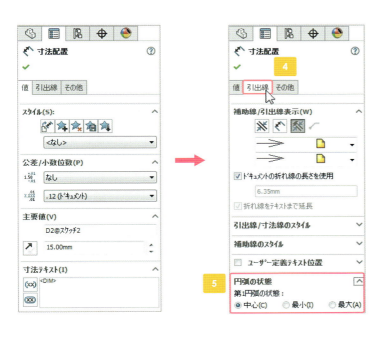

3 プロパティマネージャーが「寸法配置」になっています

4 寸法配置の<引出線タブ>をクリック

5 円弧の状態を選択すると

6 寸法の位置を切り替えることができます

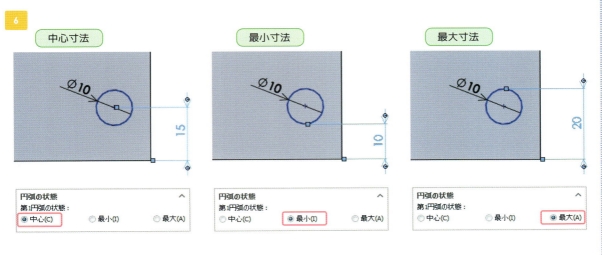

モデルに形状を追加する 59

Chapter 3 部品の作成

8 形状を複写する

1 突起と穴を複写する

1 Escキーでフィーチャーの選択を解除します

2 図のように表示を回転させて調整します

3 <フィーチャータブ>「直線パターン」をクリック

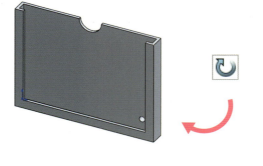

4 図に示すエッジを選択します

5 図に示す方向に矢印が表示されます

 矢印の方向が反対の場合は反対方向をクリックします。

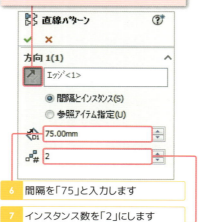

6 間隔を「75」と入力します

7 インスタンス数を「2」にします

✓ インスタンス数とは、複写する数量のことです。複写元も含めた数を入力します。

8 「一部拡大」で突起周辺を拡大します

60 Chapter3 部品の作成

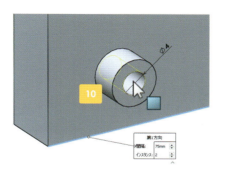

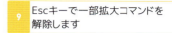
9 Escキーで一部拡大コマンドを解除します

10 図に示す面を選択します

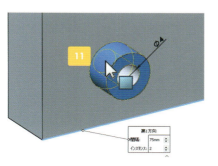

11 つづけて図に示す面を選択します

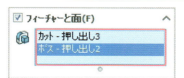

🔑 選択した2つのフィーチャーが表示されます。

12 「ウィンドウにフィット」をクリック

13 形状がプレビューされます

🔑 方向、形状が合っているかを確認します。

14 OKをクリック

15 突起と穴を複写することができました

形状を複写する 61

Chapter 3 部品の作成

9 角を丸める

1 角を丸める

1 「等角投影」をクリック

2 <フィーチャータブ>
「フィレット」をクリック

3 フィレットタイプを
固定サイズフィレットに合わせます

> 厚みが薄いなどエッジが選択しにくい場合は、表示を拡大することで選択しやすくなります。

🔑 クリックしたエッジが選択されます。

🔑 全体をプレビュー表示にチェックを入れます。

4 半径を「2」と入力します

5 図に示すエッジ（4カ所）を選択します

選択する部分を間違えてしまった場合には

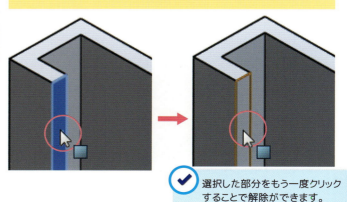

> 選択した部分をもう一度クリックすることで解除ができます。

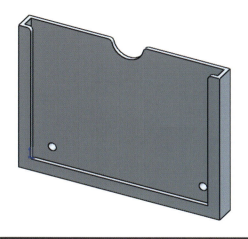

| 6 | OKをクリック |
| 7 | 角に丸みがつきました |

✓ 表示を不等角投影にして、モデル全体の形状を確認してみましょう。

| 8 | 「ホルダー」が完成しました |

2 部品ドキュメントを保存する

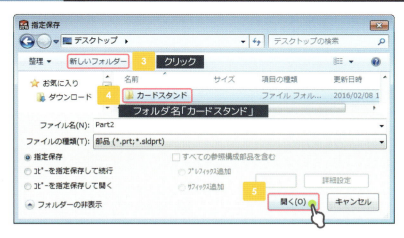

1	保存をクリック
2	「指定保存」ダイアログボックスが現れます
3	「新しいフォルダー」をクリック
4	フォルダ名に「カードスタンド」と入力します
5	「開く」をクリック

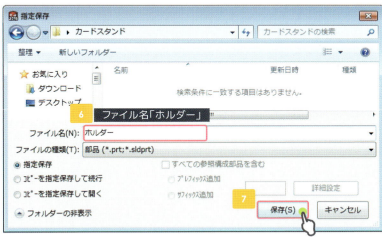

6	ファイル名に「ホルダー」と入力します
7	保存をクリック
8	部品ドキュメントに名前をつけて保存ができました

| 9 | 画面右上の閉じるボタンをクリック |
| 10 | 部品ドキュメントが閉じました |

角を丸める 63

Chapter 3 部品の作成

10 スケッチの完全定義

カード

● スケッチの完全定義

矛盾のない完全なモデルを作成するには、スケッチを完全定義にする必要があります。
完全定義とは、図形に寸法や幾何拘束などの情報を与えて形状を定義することです。

［完全定義にするための3つの情報］

1 　形状の情報－どのような形をしているか
2 　大きさの情報－大きさはどのくらいか
3 　位置の情報－空間のどこにあるのか

この3つの情報をスケッチに与えることで、完全定義にすることができます。

1 スケッチ拘束の表示設定

1 新しく部品ドキュメントを開きます

🔑 図形に付加されている拘束情報が判別できるように拘束マークを表示します。
※すでにオンの場合は、次にお進みください。

2 ＜ヘッズアップビューツールバー＞
「アイテムの表示/非表示」を
クリック

3 「スケッチ拘束関係の表示」を
クリックすると

4 拘束マークが表示されるように
なります

5 同様の手順で原点も表示します

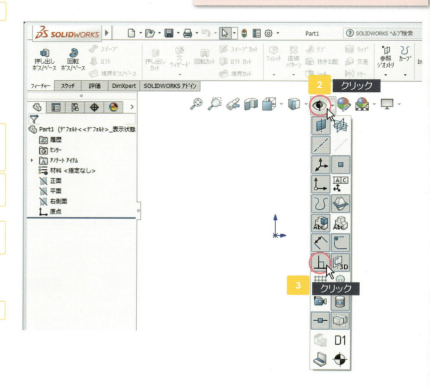

2 自動拘束の設定

通常、スケッチを描くときに自動で拘束情報を付加することができます。本Chapterでは拘束の理解を深めるために、手動で拘束情報を付加していきます。そこで、自動拘束の機能をオフに設定します。

1 「オプション」をクリック

ver.2015以前の「オプション」アイコンは になります。

2 オプション設定画面が現れます

3 「拘束/スナップ」をクリックします

4 「スナップをオンにする」のチェックを外します

5 OKをクリックすると、設定が反映されます

拘束マークとは

拘束マークとはスケッチの要素に設定されている幾何拘束を表す緑のマークのことです。「スケッチ拘束関係の表示」がオンの場合、スケッチ編集中の要素に設定されているすべての幾何拘束が緑のマークで表示されます。

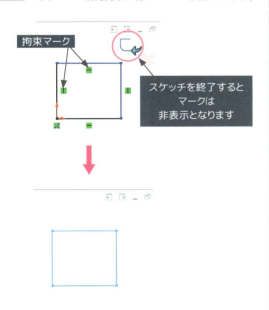

スケッチを終了するとマークは非表示となります

スナップとは

スナップとはスケッチを描きやすくするための要素を拾う機能です。
コマンドに入っている状態でマウスポインタを近づけると、要素がハイライトします。現れる黄色い拘束はその状態でクリックすると設定される拘束です。ここでは説明のため、この機能をオフにしていますが、P73でオンに戻しています。

スナップ機能オンの場合

直線コマンドに入って円に近づく

円や4分点などがハイライトし、一致や正接の拘束マークが表示

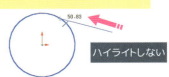

スナップ機能オフの場合

ハイライトしない

スケッチの完全定義 65

3 形状の情報を与える

 平面

1. ツリーの「平面」をクリック
2. グラフィックス領域に「平面」が現れます
3. <スケッチタブ>をクリック

4. 「スケッチ」をクリック
5. スケッチ編集状態に入ります
6. Escキーで面の選択を解除します

7. 「直線」をクリック
8. 図のようなスケッチを描きます
9. Escキーで直線コマンドを解除します
10. 図に示す点をドラッグすると
11. 自由に変形できます

12. 図に示す直線のエッジを選択します
13. ツリーが直線プロパティに切り替わります

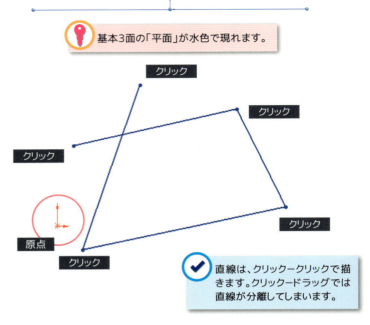

🔑 基本3面の「平面」が水色で現れます。

✓ 直線は、クリックークリックで描きます。クリックードラッグでは直線が分離してしまいます。

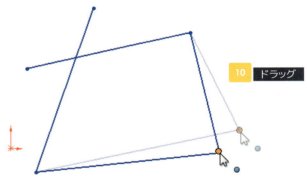

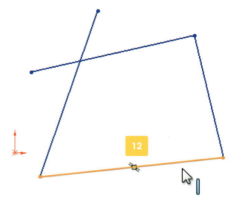

66 Chapter3 部品の作成

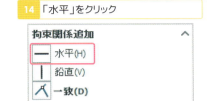

14 「水平」をクリック

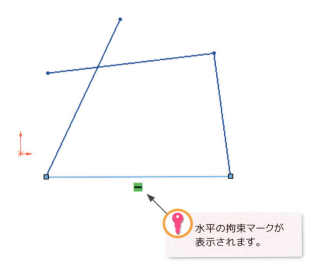

水平の拘束マークが表示されます。

15 選択した直線が水平になりました

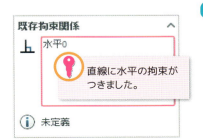

直線に水平の拘束がつきました。

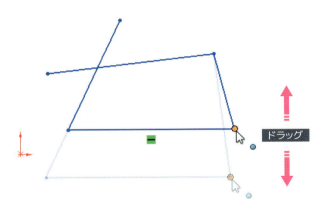

16 図に示す点を上下にドラックすると

17 直線は水平を保ったまま移動します

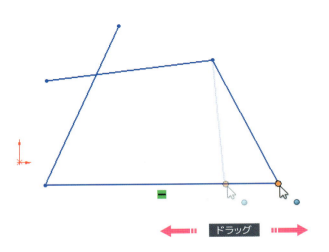

18 続けて、左右にドラックすると

19 長さが変わってしまいます

✓ 直線の長さが変わってしまうのは、図形に大きさの情報が足りないからです。

スケッチの完全定義 67

4　大きさの情報を与える

1. 「スマート寸法」をクリック
2. 図に示す直線を選択します

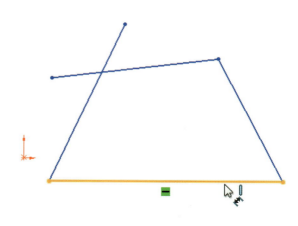

3. 寸法が現れます
4. 適当なところに配置します
5. 「96」と入力します

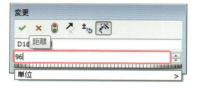

6. Enterキーで確定します
7. Escキーでスマート寸法コマンドを解除します

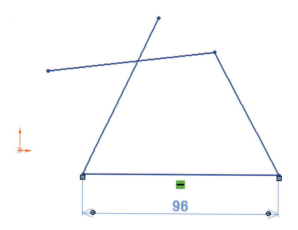

8. 図に示す点をドラッグすると
9. 直線は水平と一定の長さを保ったまま移動します

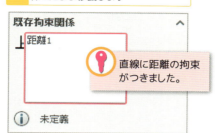

直線に距離の拘束がつきました。

✓ 直線が移動してしまうのは、図形に位置の情報が足りないからです。

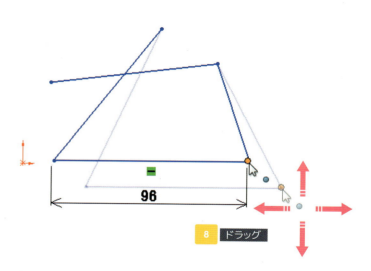

5 位置の情報を与える

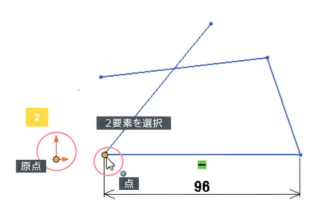

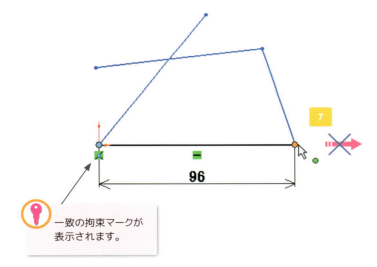

一致の拘束マークが表示されます。

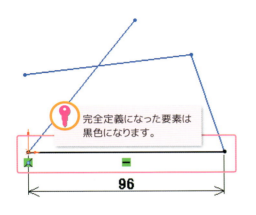

完全定義になった要素は黒色になります。

1	Escキーで要素の選択を解除します
2	Ctrlキーを押しながら、図に示す点と原点を選択すると
3	点と原点の2要素が選択された状態になります
4	ツリーがプロパティに切り替わります

5	「一致」をクリックすると
6	点が原点に一致しました

点と原点の間に一致の拘束がつきました。

7	点をドラッグしてもまったく動きません

✓ 直線は「形状」「大きさ」「位置」の情報が揃ったことにより、固定された状態になりました。これが完全定義です。

8	直線が完全定義になりました

スケッチの完全定義 69

6　スケッチの完全定義

スケッチ全体を完全定義にしていきます。

1 図に示す直線を選択します

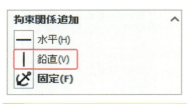

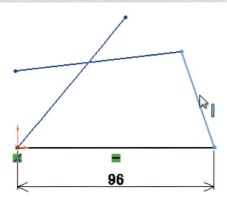

2 「鉛直」をクリック

3 選択した直線が鉛直になりました

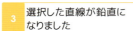

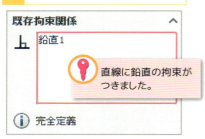

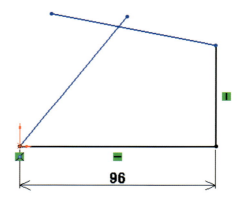

直線に鉛直の拘束がつきました。

4 Escキーで選択を解除します

5 「スマート寸法」をクリック

6 図に示す寸法を入力します

7 Escキーでスマート寸法コマンドを解除します

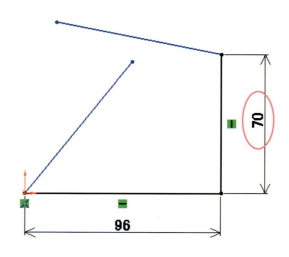

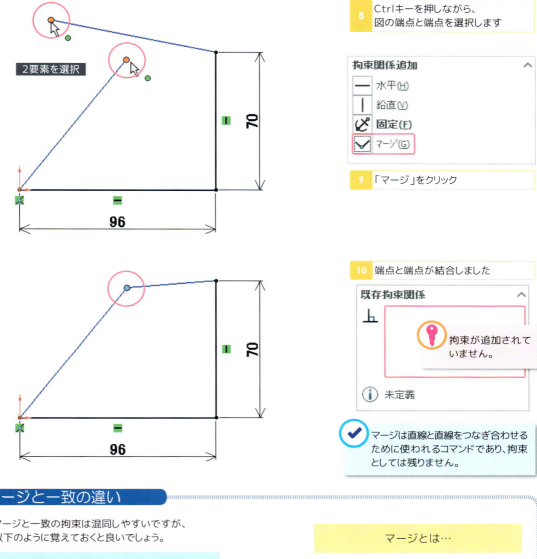

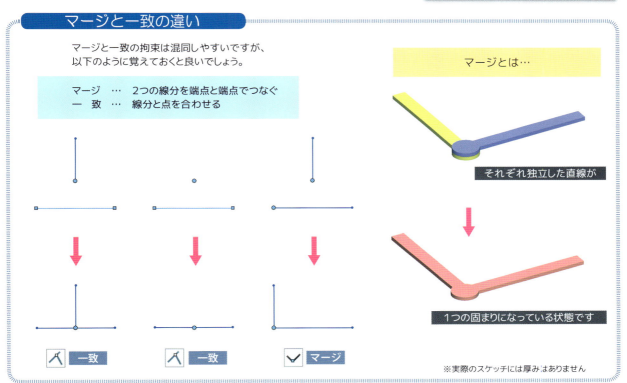

11 Escキーで選択を解除します

12 Ctrlキーを押しながら、図に示す線と線を選択します

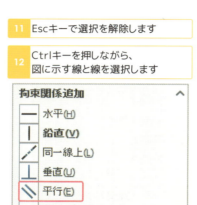

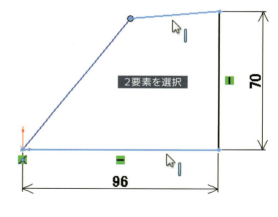

13 「平行」をクリック

14 選択した直線と直線が平行になります

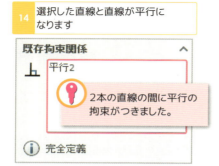

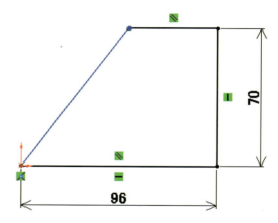

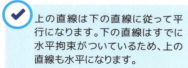

✓ 上の直線は下の直線に従って平行になります。下の直線はすでに水平拘束がついているため、上の直線も水平になります。

15 Escキーで選択を解除します

16 Ctrlキーを押しながら、図に示す線と線を選択します

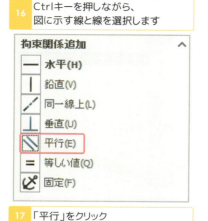

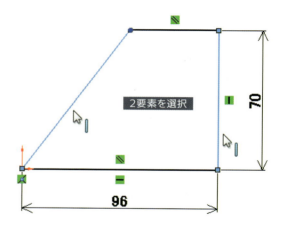

17 「平行」をクリック

72　Chapter3　部品の作成

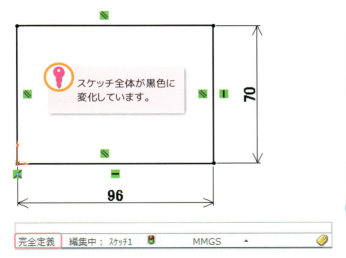

18	選択した直線と直線が平行になります
19	Escキーで選択を解除します

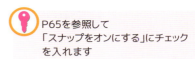

20	スケッチが完全定義になりました

✓ 画面右下の状態表示も完全定義になりました。

🔑 P65を参照して「スナップをオンにする」にチェックを入れます

拘束について確認ができましたので、
自動拘束の機能を有効にするためにスナップをオンにしてください。

21	スケッチを終了します

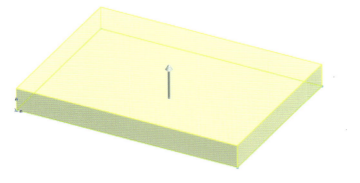

22	<フィーチャータブ>「押し出しボス/ベース」をクリック

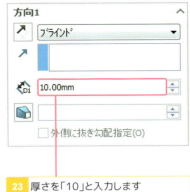

23	厚さを「10」と入力します

24	OKをクリック
25	立体ができました

スケッチの完全定義 73

Chapter 3 部品の作成

11 モデルの修正

1 スケッチ平面を変更する

モデルを作成する過程で、スケッチが描かれている平面を変更したい場合があります。
ここでは、スケッチ平面の変更方法を解説します。

スケッチ平面を「平面」から「正面」に変更します。

1 ツリーの「押し出し1」の横にある▶ボタンをクリック

2 「押し出し1」の下に「スケッチ1」が現れました

3 「スケッチ1」の上で右クリックしてメニューを表示します

4 <コンテキストツールバー>「スケッチ平面編集」をクリック

5 画面に「平面」が現れます

6 ツリーがスケッチ平面プロパティに切り替わります

7 グラフィックス領域の左上にあるツリーを展開します

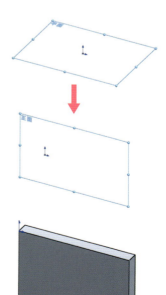

8 「正面」をクリック

9 画面上の「平面」が「正面」に置き換えられます

10 OKをクリック

11 立体の向きが変わりました

12 Escキーで選択を解除します

74 Chapter3 部品の作成

2　スケッチを編集する

モデルを修正する際、スケッチを修正・編集したい場合があります。
ここでは、スケッチの不要な拘束を削除して、新たな拘束を定義する編集を解説します。

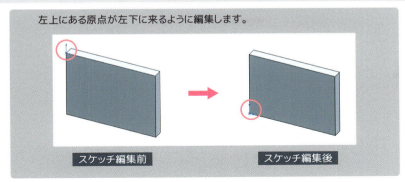
左上にある原点が左下に来るように編集します。

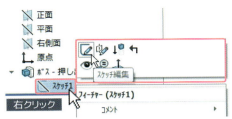

1. 「スケッチ1」の上で右クリックしてメニューを表示します
2. <コンテキストツールバー>「スケッチ編集」をクリック
3. スケッチが編集できる状態になります

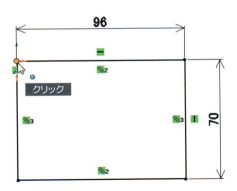

4. <ヘッズアップビューツールバー>「正面」をクリック
5. 図に示す点をクリック
6. ツリーが点プロパティに切り替わります

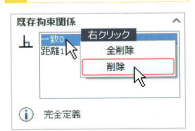

7. 「一致」を右クリックして削除を選択します

✓ 全削除を選択するとボックス内にある拘束すべてが削除されます。

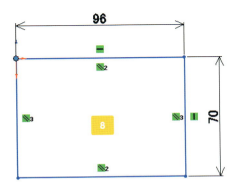

8. スケッチが青色に変わりました

🔑 一致の拘束を削除したことにより、位置の情報がなくなります。その結果、完全定義が崩れます。

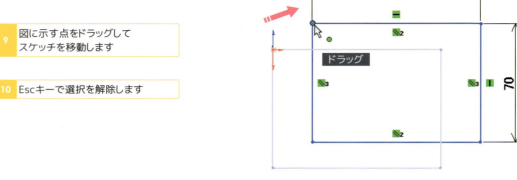

9	図に示す点をドラッグしてスケッチを移動します

10	Escキーで選択を解除します

11	Ctrlキーを押しながら、図に示す点と原点を選択します

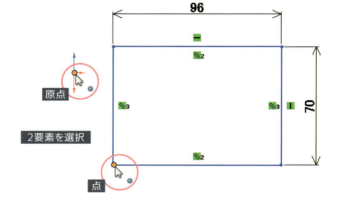

12	「一致」をクリック

13	点が原点に一致しました

14	再び、スケッチが完全定義になりました

15	スケッチを終了します

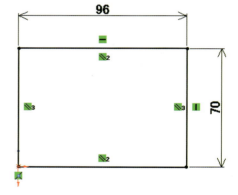

✓ 原点の位置がモデルの下のエッジへ移動しています。

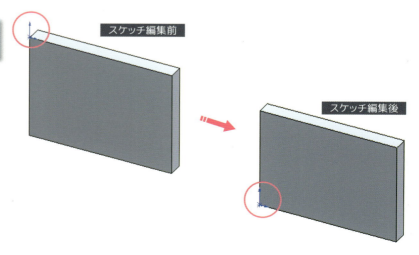

76　Chapter3　部品の作成

3　フィーチャー編集

押し出しフィーチャーなどで、立体形状を作るときに設定した情報を変更したい場合は、フィーチャー編集で対応します。

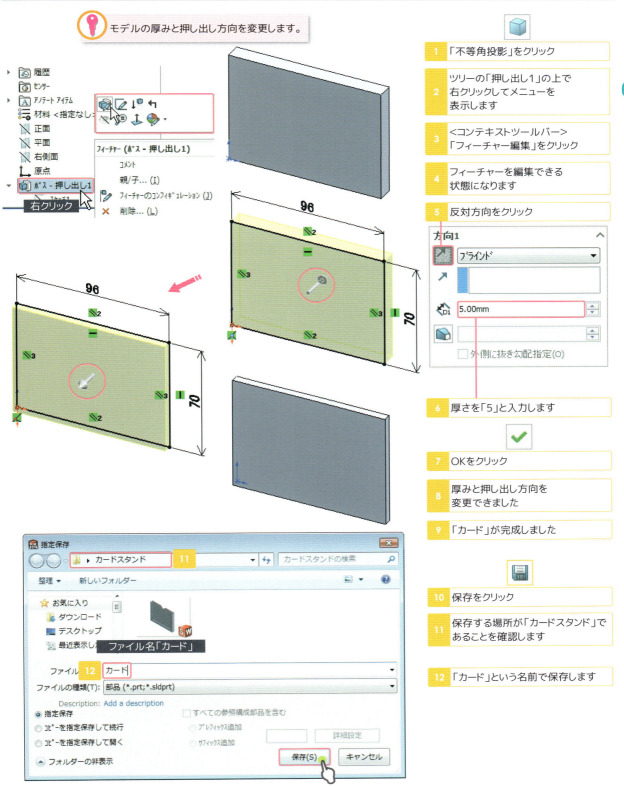

モデルの厚みと押し出し方向を変更します。

1. 「不等角投影」をクリック
2. ツリーの「押し出し1」の上で右クリックしてメニューを表示します
3. <コンテキストツールバー>「フィーチャー編集」をクリック
4. フィーチャーを編集できる状態になります
5. 反対方向をクリック
6. 厚さを「5」と入力します
7. OKをクリック
8. 厚みと押し出し方向を変更できました
9. 「カード」が完成しました
10. 保存をクリック
11. 保存する場所が「カードスタンド」であることを確認します
12. 「カード」という名前で保存します

モデルの修正　77

Chapter 3 部品の作成

12 スケッチを回転してモデルを作る

脚

1 スケッチを回転してモデルを作る

1. 新しく部品ドキュメントを開きます

2. ツリーの「正面」を選択します

3. <スケッチタブ>「スケッチ」をクリック

4. Escキーで選択を解除します

5. <スケッチタブ>「直線フライアウトボタン」をクリック

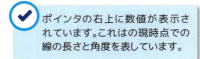

6. 「中心線」をクリック

7. ポインタを原点に合わせてクリック

8. ポインタを上に移動します

✓ ポインタの右上に数値が表示されています。これはの現時点での線の長さと角度を表しています。

9. 鉛直な中心線を作ります

10. Escキーで中心線コマンドを解除します

11. 「ウィンドウにフィット」をクリック

12. 「直線」をクリック

13. ポインタを原点に合わせてクリック

14. 図のようなスケッチを描きます

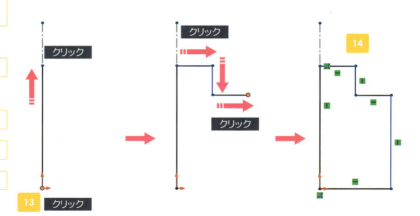

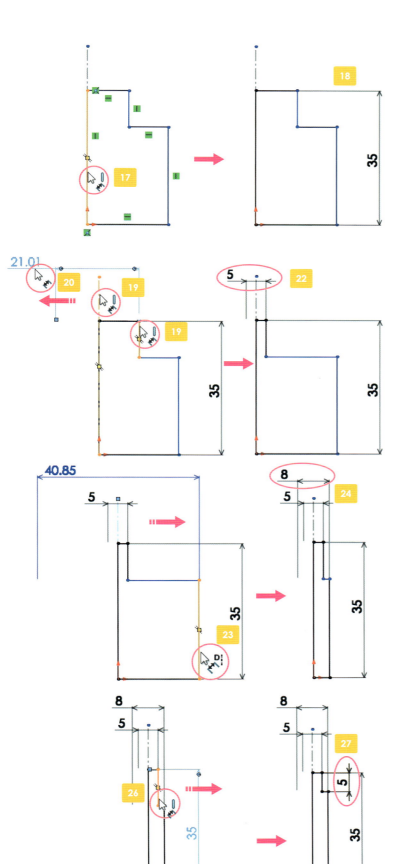

15	Escキーで直線コマンドを解除します

16	「スマート寸法」をクリック
17	図に示す直線を選択します
18	図に示す寸法を入力します

✓ ver.2014からスケッチの作図時に、はじめに寸法を付けた図形の大きさにスケールが自動的に調整されるようになりました。

19	図に示す直線と中心線のエッジを選択します
20	ポインタを中心線の左側に移動すると
21	直径寸法が現れるので、クリックします
22	図に示す寸法を入力します

23	図に示す直線をクリックすると、今度は自動的に直径寸法が現れます
24	図に示す寸法を入力します

✓ マウスポインタが の表示になっているときは、中心線が選択状態になっているので、続けて直径寸法を入力できます。

25	Escキーをクリックするとポインタが変化します

✓ 直径寸法を入力の状態が解除されます。

26	図に示す直線を選択します
27	図に示す寸法を入力します
28	線が黒くなり完全定義になりました

29	スケッチを終了します

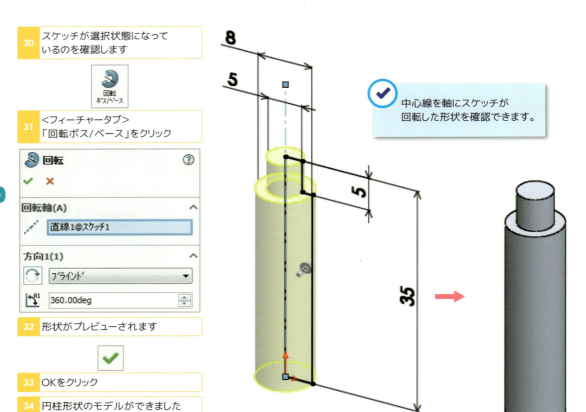

30	スケッチが選択状態になっているのを確認します
31	<フィーチャータブ>「回転ボス/ベース」をクリック
32	形状がプレビューされます
33	OKをクリック
34	円柱形状のモデルができました

2 面取りをする

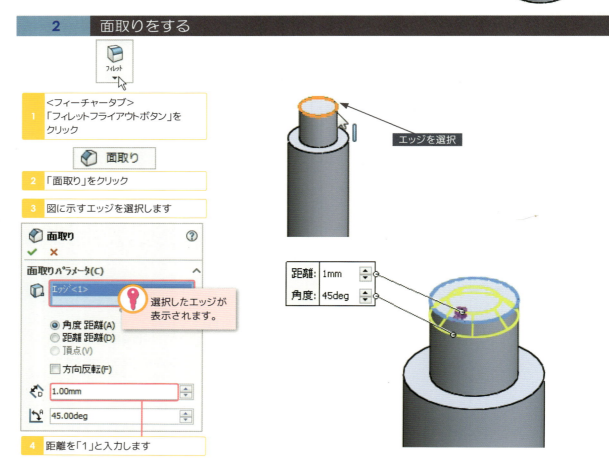

1	<フィーチャータブ>「フィレットフライアウトボタン」をクリック
2	「面取り」をクリック
3	図に示すエッジを選択します
4	距離を「1」と入力します

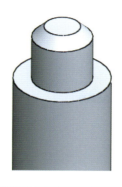

5 OKをクリック

6 面取りできました

3　角を丸める

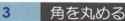

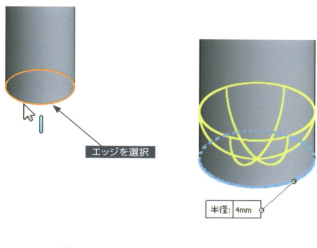

1 「フィレット」をクリック

2 半径を「4」と入力します

3 図に示すエッジを選択します

4 OKをクリック

5 モデルの角が丸くなりました

6 「脚」が完成しました

7 保存をクリック

8 「脚」という名前で保存します

スケッチを回転して モデルを作る　81

寸法の入力方法〈基本〉

2線間寸法

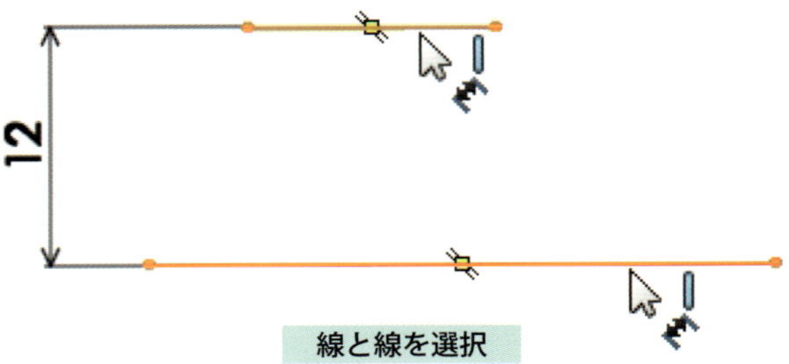

12

線と線を選択

2点間寸法

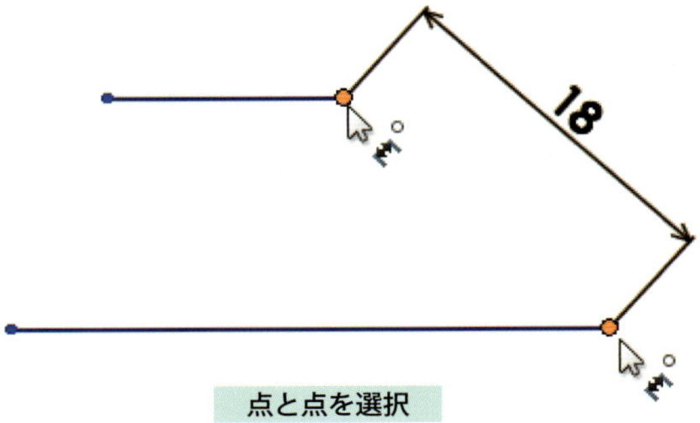

18

点と点を選択

水平寸法

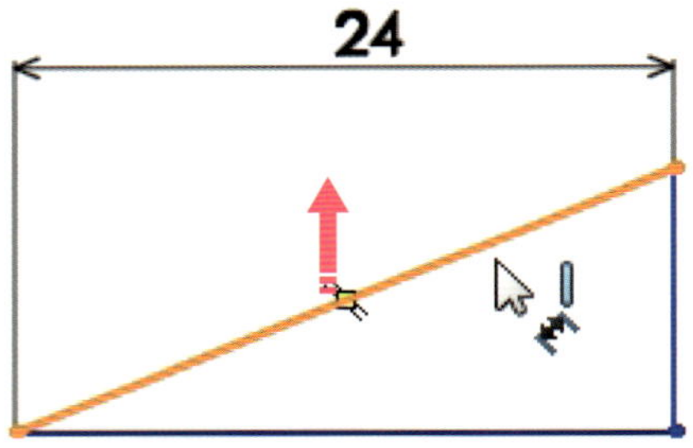

24

線を選択

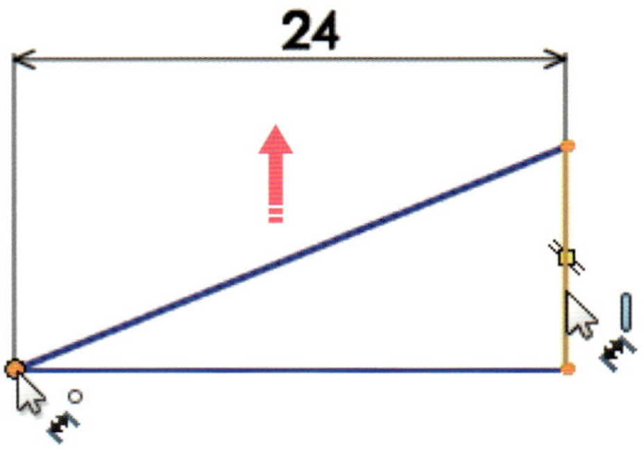

24

点と線を選択

鉛直寸法

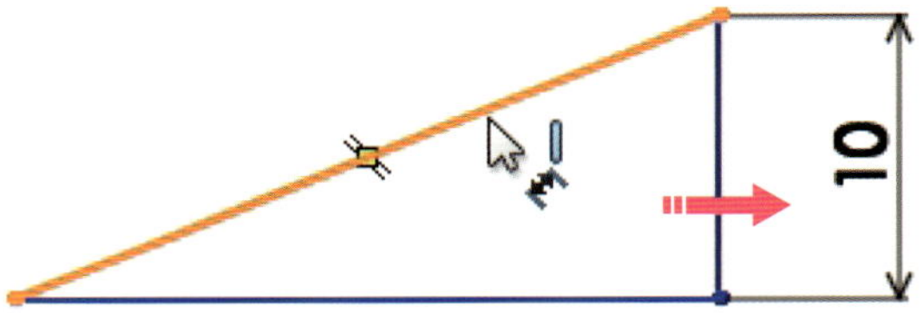

10

線を選択

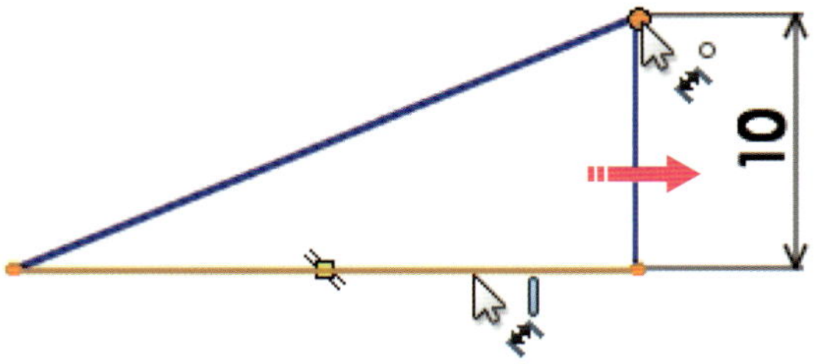

10

点と線を選択

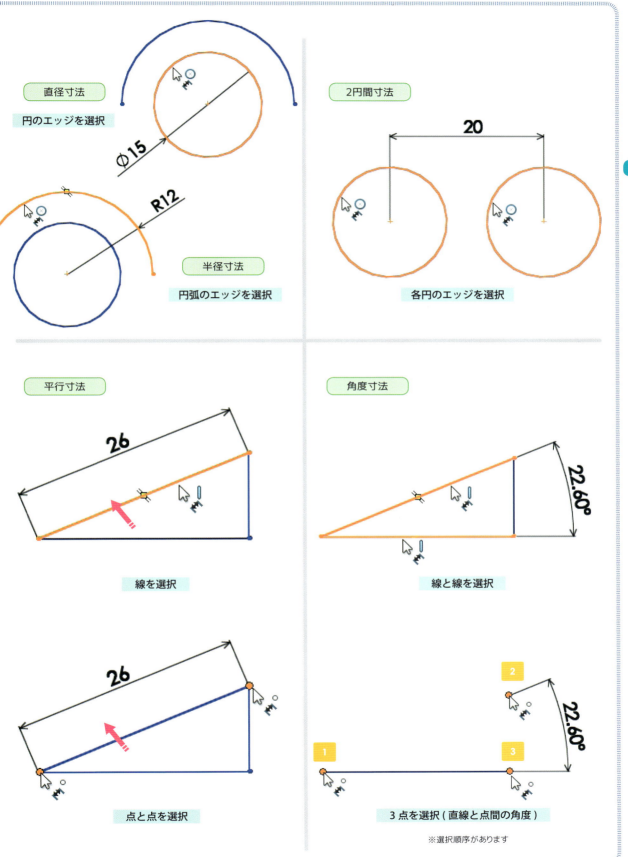

いろいろな拘束

同心円

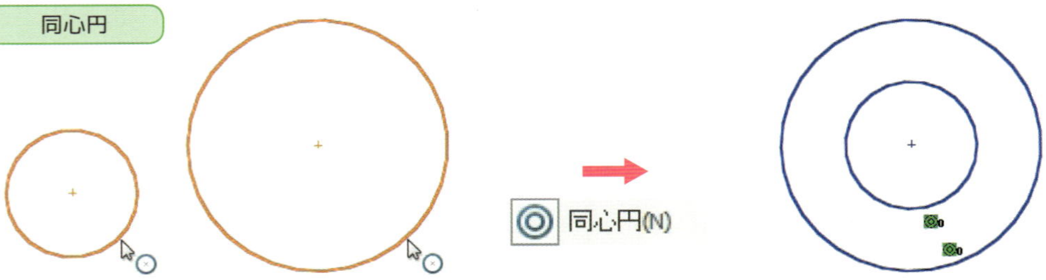

2つの円を選択 → ◎ 同心円(N) → 同心を持つ円になります

正接

円弧と線を選択 → 𝒐 正接(A) → 円弧と線が正接します

中点

線と点を選択 → ◺ 中点(M) → 線の中点に点が一致します

垂直

線と線を選択 → ⊥ 垂直(U) → 線と線が垂直になります

交点

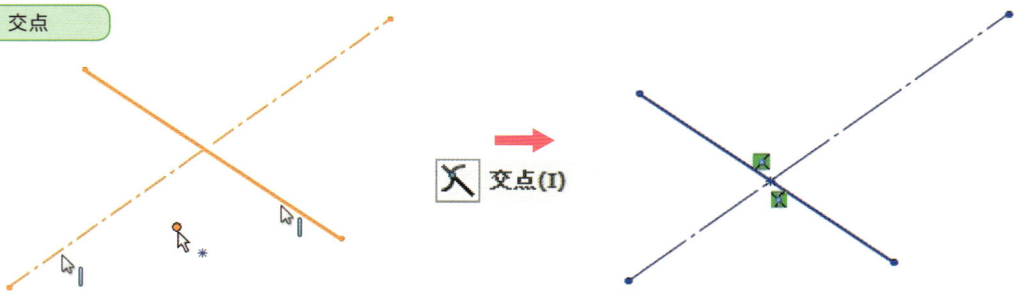

1つの点と2つの線を選択 → ✕ 交点(I) → 線と線の交わるところに点が一致します

84　Chapter3　部品の作成

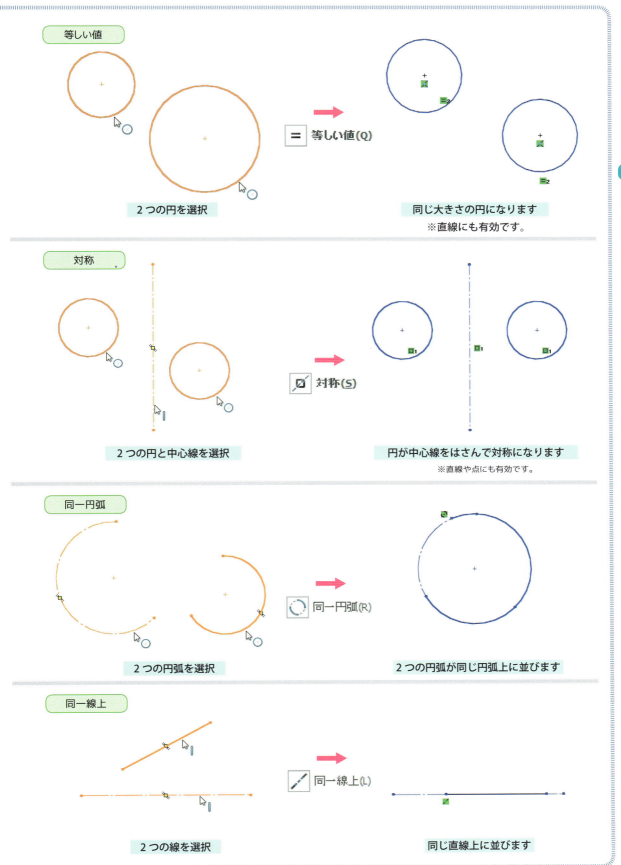

押し出しオプションの種類

ブラインド

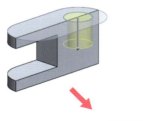

スケッチ平面からフィーチャーを、指定した距離だけ押し出す

全貫通

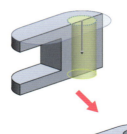

スケッチ平面からフィーチャーを、すべての既存する形状を貫通して延長

次サーフェスまで

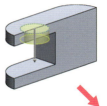

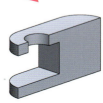

スケッチ平面からフィーチャーを、輪郭全体と交差する次のサーフェスまで延長

端サーフェス指定

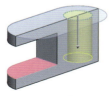

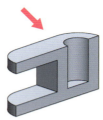

スケッチ平面からフィーチャーを、指定サーフェスまで延長

オフセット開始サーフェス指定

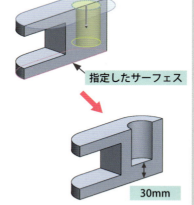

スケッチ平面からフィーチャーを、選択サーフェスから一定の距離まで延長

中間平面

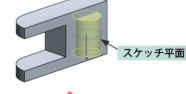

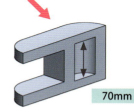

スケッチ平面からフィーチャーを、両側に等しく押し出す

Chapter 4

アセンブリの作成

作った部品を組み立てよう

1 新しくアセンブリを作成する
2 部品を組み立てる
3 干渉チェック

Chapter 4　アセンブリの作成

1　新しくアセンブリを作成する

1　アセンブリドキュメントを作成する

1　<メニューバー>「新規」をクリック

2　「新規SOLIDWORKSドキュメント」ダイアログボックスが現れます

3　「アセンブリ」を選択します

4　OKをクリックすると

5　新しくアセンブリドキュメントが開きました

🔑 新規アセンブリドキュメントを作成するときは、自動的に「構成部品の挿入」コマンドが開始されます。

6　<ヘッズアップビューツールバー>の「アイテムを表示/非表示」をクリック

7　「原点」をクリックすると

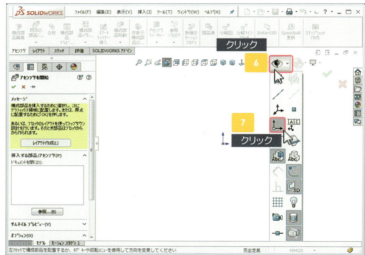

8　グラフィックス領域の中心に原点が表示されました

9　図のように<アセンブリタブ><ヘッズアップビューツールバー>の表示を確認します

🔑 タブの表示方法は、P25を参照ください。

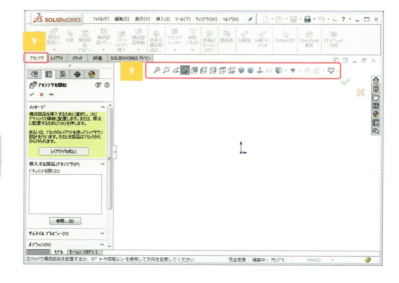

●アセンブリドキュメント画面構成

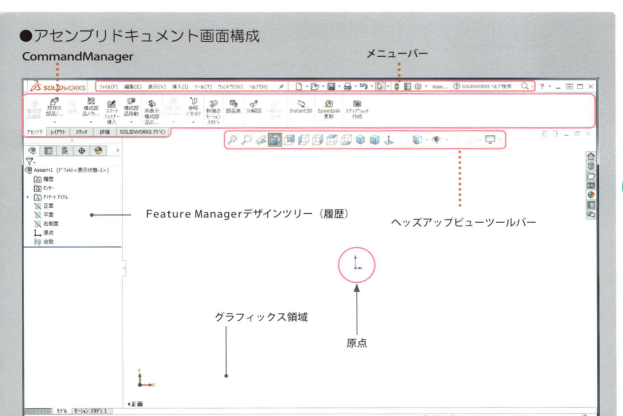

●新規アセンブリドキュメントを開いたときは

●アセンブリと部品の原点

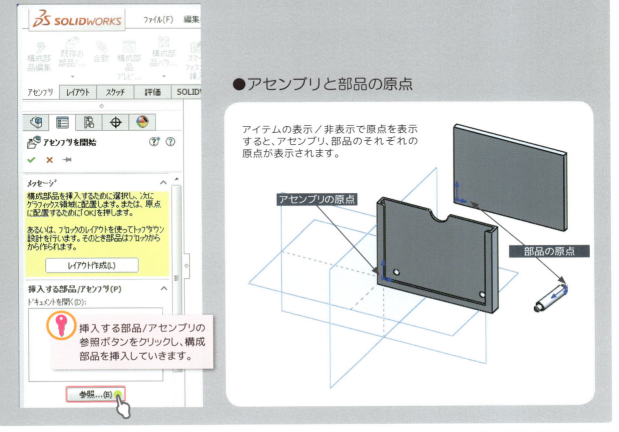

新しくアセンブリを作成する 89

Chapter 4 アセンブリの作成

2 部品を組み立てる

カードスタンド組立

1 最初の部品を配置する

🔑 新しくアセンブリファイルを開くと構成部品を挿入できる状態から始まります。

✓ ファイルの表示方法を変更できます。

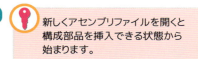

1	参照をクリック
2	ファイルの種類を部品にします
3	「ホルダー」を選択して開きます

✓ アセンブリのベースとなる部品から挿入していきます。

4	ポインタが変化します
5	ポインタをグラフィックス領域内に移動すると、部品「ホルダー」が現れます
6	ポインタを移動すると部品も一緒に動きます

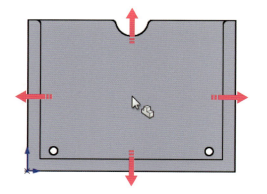

90 Chapter4 アセンブリの作成

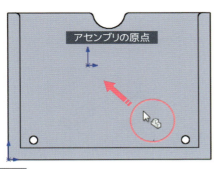

7 ポインタをアセンブリの原点に合わせると

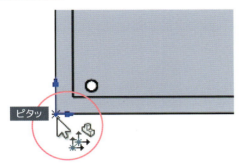

8 アセンブリの原点に部品の原点が一致します

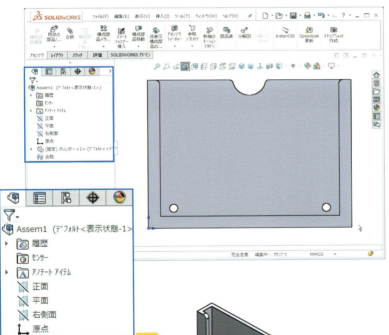

9 そのままクリックすると

10 アセンブリ空間上に部品「ホルダー」が配置されました

✓ 最初に配置する部品は、アセンブリの原点と部品の原点を合わせる方法で配置します。

11 ツリーに部品「ホルダー」が追加されています

12 「等角投影」をクリックして見やすくしておきます

2　部品を挿入する

1 <アセンブリタブ>
「既存の部品/アセンブリ」をクリック

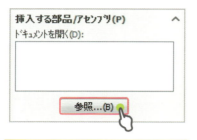

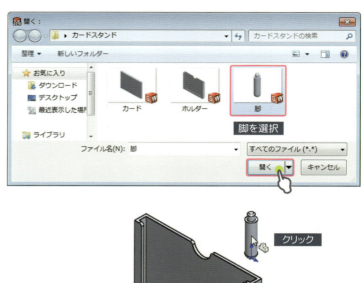

2 参照をクリック

3 「脚」を選択して開きます

4 グラフィックス領域にポインタを移動します

5 図に示す位置でクリック

6 部品「脚」が挿入できました

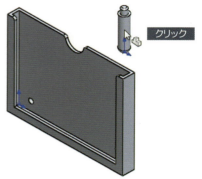

3　部品の移動と回転

1 部品「脚」にポインタを合わせます

2 ドラッグすると、平行移動します

3 右ボタンでドラッグすると、回転します

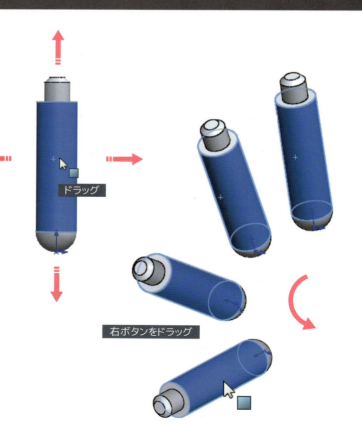

92　Chapter4　アセンブリの作成

4　表示を操作する

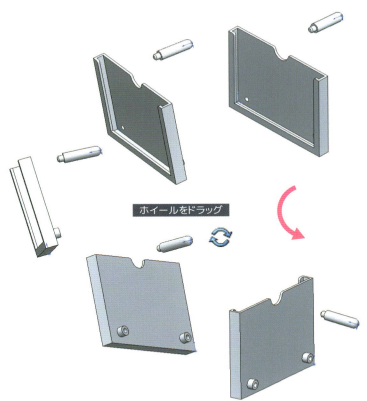

1　ホイールをドラッグすると

2　アセンブリ空間全体が回転します

マウスのホイールをドラッグすることで、アセンブリ空間全体の表示を回転させることができます。

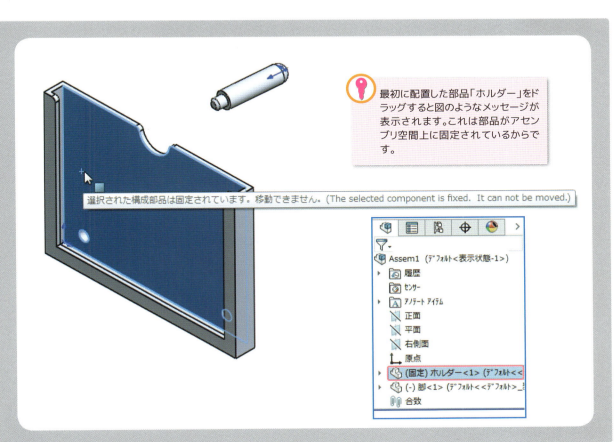

最初に配置した部品「ホルダー」をドラッグすると図のようなメッセージが表示されます。これは部品がアセンブリ空間上に固定されているからです。

5　合致　その①

1. 回転・移動をして図のように「脚」の位置を調整します
2. Escキーで選択を解除します

3. <アセンブリタブ>「合致」をクリック
4. 図に示す面と面を選択すると

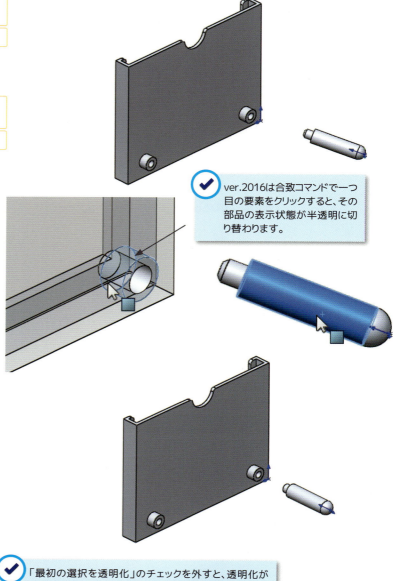

✓ ver.2016は合致コマンドで一つ目の要素をクリックすると、その部品の表示状態が半透明に切り替わります。

✓ 「最初の選択を透明化」のチェックを外すと、透明化が解除されver.2015以前と同様の状態になります。

5. 同心円の合致が選択されます

6. OKをクリック
7. 同心円の合致が確定します

8. OKをクリック
9. 合致コマンドが終了します
10. 「脚」をドラッグすると同心を保ったまま、移動することが確認できます
11. Escキーで選択を解除します

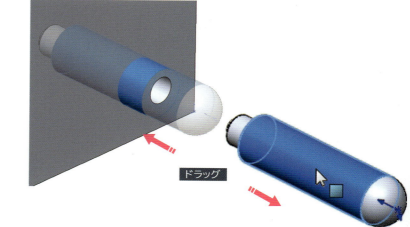

ドラッグ

94　Chapter4　アセンブリの作成

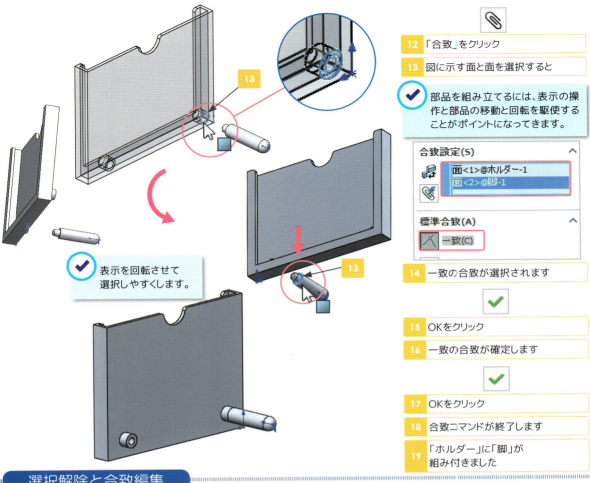

| 12 | 「合致」をクリック |
| 13 | 図に示す面と面を選択すると |

部品を組み立てるには、表示の操作と部品の移動と回転を駆使することがポイントになってきます。

14	一致の合致が選択されます
15	OKをクリック
16	一致の合致が確定します
17	OKをクリック
18	合致コマンドが終了します
19	「ホルダー」に「脚」が組み付きました

表示を回転させて選択しやすくします。

選択解除と合致編集

● 選択する箇所を間違えてしまったときは

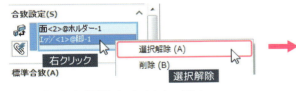

選択した要素がすべて解除されます。

● つけた合致を編集したいときは

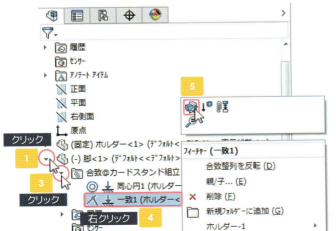

1	ツリーにある編集したい部品の横の「▶」ボタンをクリック
2	「合致フォルダ」があります
3	「合致フォルダ」の「▶」ボタンをクリックして展開します
4	編集したい合致を右クリック
5	<コンテキストツールバー>「フィーチャー編集」をクリック
6	合致の編集に入ることができます

部品を組み立てる 95

6　同じ部品を追加する

1. ポインタを「脚」に合わせます
2. Ctrlキーを押しながら「脚」をドラッグします
3. 適当なところで放すと
4. 「脚」をもう1本挿入することができました
5. Escキーで選択を解除します

6. 「合致」をクリック
7. 図に示す面と面を選択します

8. 同心円の合致が選択されます

9. OKをクリック
10. 同心円の合致が確定します

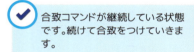

合致コマンドが継続している状態です。続けて合致をつけていきます。

11. 図に示す面と面を選択します

12. 一致の合致が選択されます

13. OKをクリック
14. 一致の合致が確定します

15. OKをクリック
16. 合致コマンドが終了します
17. 両方の脚を組み付けることができました

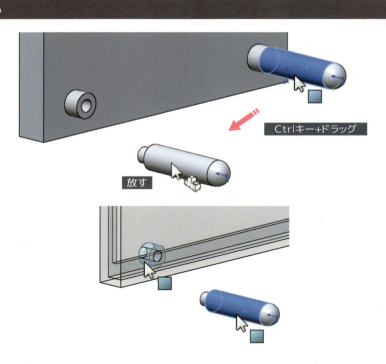

Ctrlキー+ドラッグ　放す

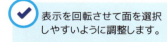

表示を回転させて面を選択しやすいように調整します。

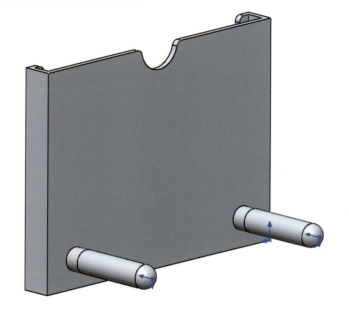

標準合致の種類

同心円

選択アイテムに共通の中心線が使用されるように配置します。

一致

選択面、エッジ、平面を同一の無限平面上に配置します。

正接

選択アイテムをお互いに正接にします。

平行

選択アイテムをお互いに平行を保つように配置します。

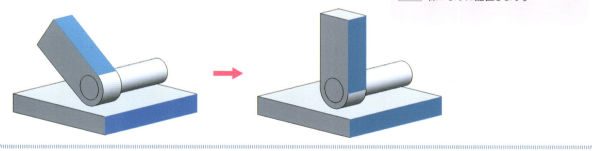

7 合致 その②

1 「不等角投影」をクリック

2 「既存の部品/アセンブリ」をクリック

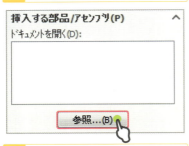

3 参照をクリック

4 「カード」を選択して開きます

5 グラフィックス領域にポインタを移動します

6 図に示す位置でクリック

7 部品「カード」が挿入できました

8 合致をクリック

9 図に示す面と面を選択します

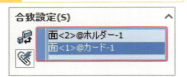

10 一致の合致が選択されます

11 OKをクリック

12 一致の合致が確定します

✓ 合致コマンドが継続している状態です。続けて合致をしていきます。

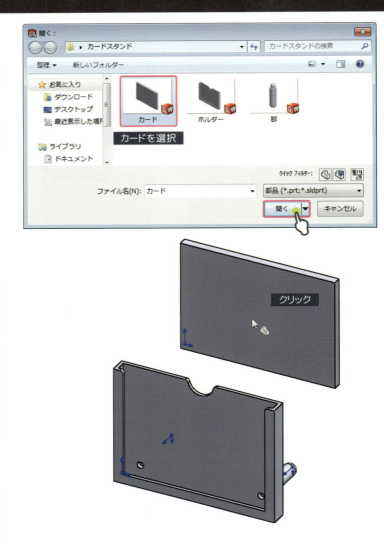

カードを選択

クリック

✓ グラフィックス領域に表示されるダイアログからもOKボタンをクリックできます。

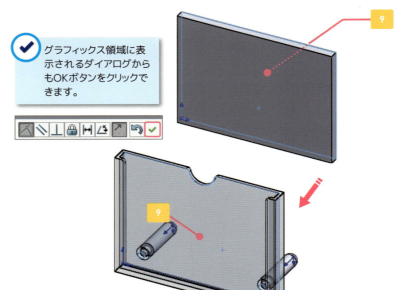

98 Chapter4 アセンブリの作成

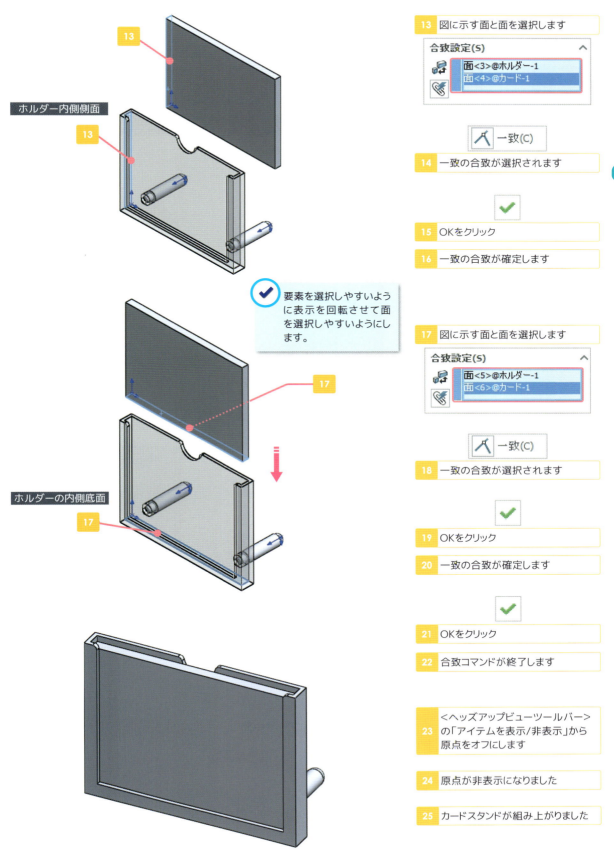

Chapter 4 アセンブリの作成

3 干渉チェック

1 干渉チェック　その①

部品同士に干渉がないか調べます。

1 ＜評価タブ＞
「干渉認識」をクリック

2 アセンブリが選択されています

3 計算をクリックすると

4 干渉が見つかりました

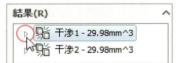

5 「結果」の「▷」ボタンをクリック

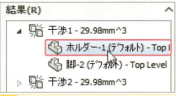

6 部品を選択すると対象が
ハイライトします

✓ ここでは、ホルダーと脚に干渉が
起きていることがわかりました。

7 OKをクリック

8 干渉認識が終了します

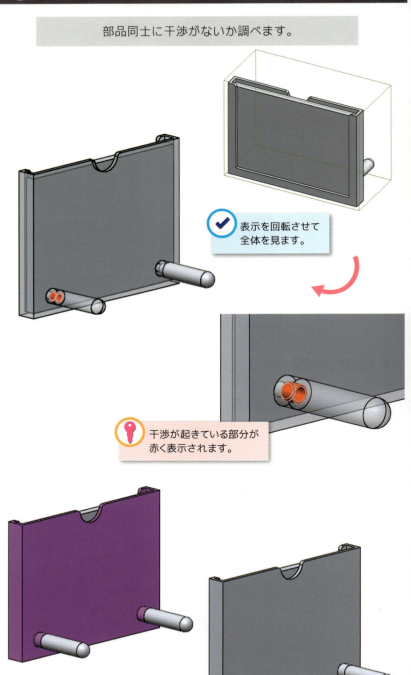

✓ 表示を回転させて全体を見ます。

🔑 干渉が起きている部分が赤く表示されます。

2　モデルを修正する

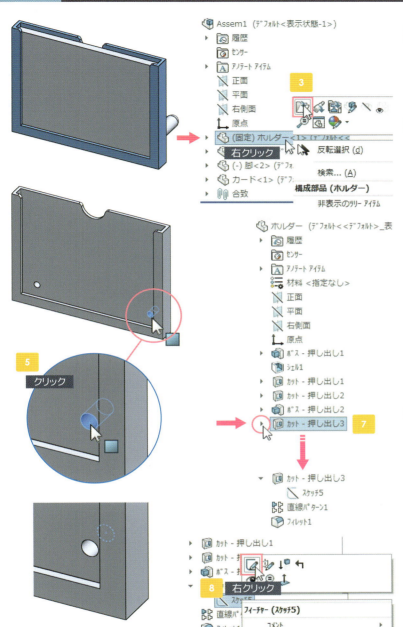

干渉が起きていたので、ホルダー部品を修正します。

1. ツリーの「ホルダー」にポインタを合わせます

「ホルダー」がハイライトします。

2. 右クリックしてメニューを表示します

3. <コンテキストツールバー>「部品を開く」をクリックすると

4. 部品ファイル「ホルダー」が開きます

5. 図に示す穴の面をクリック

ツリーのフィーチャーがハイライトします。

6. ツリーのハイライトしたフィーチャーの▶をクリックすると

7. スケッチが展開します

8. 図に示すツリーのスケッチを右クリックしてメニューを表示します

9. <コンテキストツールバー>「スケッチ編集」をクリックすると

階層リンクの使い方

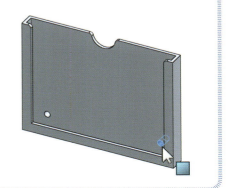

グラフィックス領域の左上に表示される「階層リンク」からも編集したいスケッチへアクセスすることができます。

| 10 | スケッチが編集できる状態になりました |

| 11 | 「選択アイテムに垂直」をクリック |
| 12 | 図に示す寸法をダブルクリック |

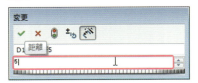

| 13 | 「4」→「5」に編集します |
| 14 | Enterキーで確定します |

| 15 | 寸法値が変わりました |

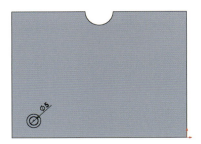

| 16 | スケッチを終了します |
| 17 | モデルを修正できました |

| 18 | 保存をクリック |

| 19 | 「ホルダー」が上書き保存されます |

| 20 | 部品ファイル「ホルダー」を閉じます |

3 干渉チェック その②

✓ モデルの修正により、干渉が解決できたかを確認します。

1 「干渉認識」をクリック

2 計算をクリック

3 干渉部分はありません

4 OKをクリック

5 「干渉認識」が終了します

ファイル名「カードスタンド組立」

6 保存をクリック

7 「カードスタンド組立」という名前で保存します

モデルに色を付ける

モデルに色を付けるには「外観を編集」コマンドを使います。
色は、アセンブリ全体、部品全体、フィーチャー、面などに
付けることができます。
ここでは、アセンブリドキュメントを開いて色を付けてみましょう。

部品に色を付ける

モデルの面などを右クリックして「外観を編集」コマンドをクリック

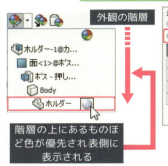
外観の階層
階層の上にあるものほど色が優先され表側に表示される

部品全体に色を付ける

フィーチャーに色を付ける

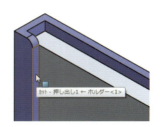   

面に色を付ける

アセンブリに色を付ける

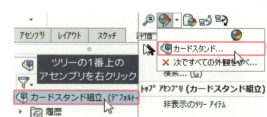
ツリーの1番上のアセンブリを右クリック

アセンブリにつけた色はもっとも表側に表示される

色を削除するには

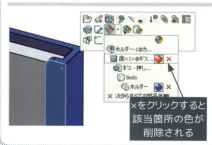
×をクリックすると該当箇所の色が削除される

選択した範囲の色が削除される

すべての色が削除される

Chapter 5

図面の作成

作ったモデルから図面を作成しよう

1　新しく図面を作成する
2　図枠を作成して保存する
3　図面の設定
4　組立図を作成する
5　部品図を作成する　その①
6　部品図を作成する　その②

Chapter 5　図面の作成

1　新しく図面を作成する

1　図面ドキュメントを作成する

1. <メニューバー>「新規」をクリック
2. 「新規SOLIDWORKSドキュメント」ダイアログボックスが現れます

3. 「図面」を選択します
4. OKをクリックすると
5. 「シートフォーマット/シートサイズ」ダイアログボックスが現れます
6. 標準フォーマットのみ表示のチェックを外します

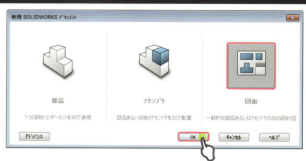

🔑 あらかじめテンプレートに図枠が設定されている場合は、ダイアログボックスが現れません。「A4ー横」以外のシートが設定されている場合は、シートタブの上で右クリックしプロパティから選択し直してください。

7. 標準シートサイズの中から「A4(ANSI)横」を選択します
8. OKをクリックすると
9. 新しく図面ドキュメントが開きました

10. <レイアウト表示タブ>
    <アノテートアイテムタブ>
    <シートフォーマットタブ>
    の表示を確認します

🔑 ver.2016から<シートフォーマットタブ>があります。

🔑 タブの表示方法はP25を参照ください。

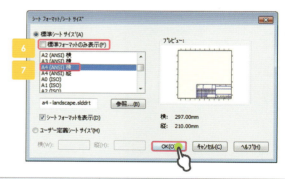

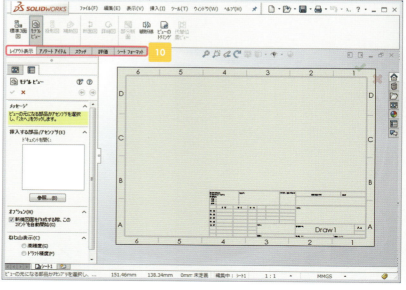

●図面ドキュメント画面構成

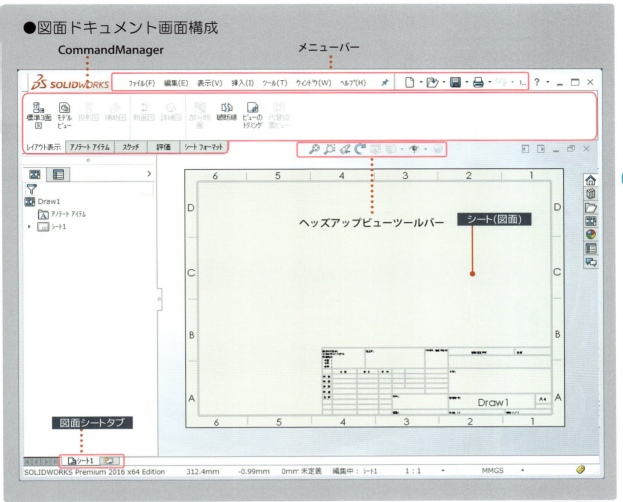

図面シートと図面シートフォーマット

SOLIDWORKSの図面ドキュメントは「図面シート」と「図面シートフォーマット」で構成されています。図面シートは、図(ビュー)や寸法など(アノテートアイテム)を作図・編集するためのモードです。図面シートフォーマットでは図枠を扱います。図と図枠では、それぞれの編集モードに切り替えて作業を進めます。

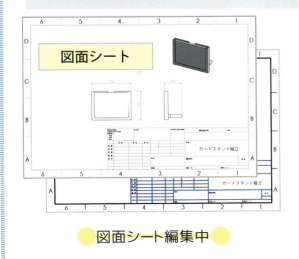

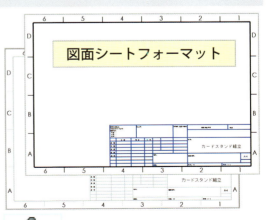

新しく図面を作成する　107

Chapter 5 図面の作成

2 図枠を作成して保存する

図枠

1 図枠の作成

■図面シート編集中

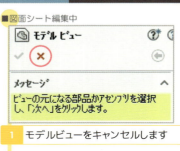

1 モデルビューをキャンセルします

2 <シートフォーマットタブ>
「シートフォーマット編集」をクリック

■図面シートフォーマット編集中

3 図枠の表示が変わりました

✓ シートフォーマットとは、図枠のことです。
シートフォーマット編集中は図枠を編集することができます。

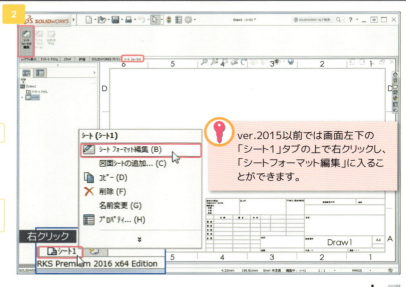

🔑 ver.2015以前では画面左下の「シート1」タブの上で右クリックし、「シートフォーマット編集」に入ることができます。

編集中:シートフォーマット

4 図に示す文字(2カ所)を選択してDeleteキーで削除します

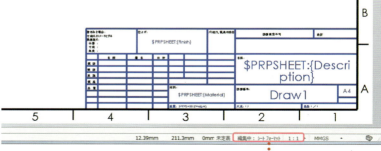

5 <アノテートアイテムタブ>
「注記」をクリック

6 ポインタが変化します

7 図に示す場所(任意)をクリック

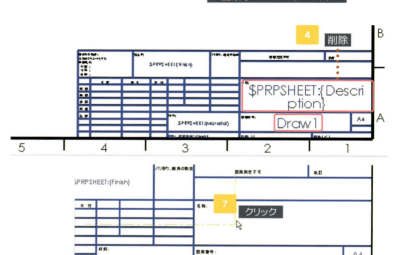

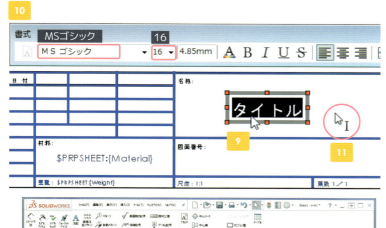

8	「タイトル」と入力します
9	文字の上でダブルクリック
✓	文字が全選択されます。または、ドラックでも文字を選択できます。
10	図に示すように書式を設定します
11	文字枠の外でクリック
12	OKをクリック
✓	文字の入力を確定するには、文字枠の外でクリックします。Enterキーでは改行してしまいます。
13	文字が入力できました
14	「シートフォーマット編集終了」をクリック

■図面シート編集中

| 15 | シートフォーマット編集状態から図面シート編集状態に戻ります |

2　図枠の保存　シートフォーマットの保存

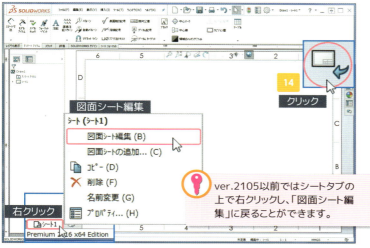

| 1 | <メニューバー>のファイルから「図面シートフォーマットの保存」を選択します |
| 2 | シートフォーマット保存ダイアログボックスが現れます |

| 3 | ファイル名「A4-original」と入力して保存します |
| 4 | 図枠が保存できました |

図枠を作成して保存する　109

Chapter 5 図面の作成

3 図面の設定

一般的な製図にフォーマットを合わせるため、フォントや矢印、投影法などの設定を行います。

1 システムオプションの設定

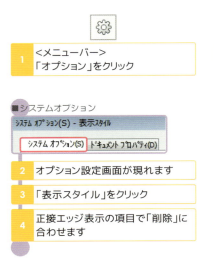

1 <メニューバー>「オプション」をクリック

■システムオプション

2 オプション設定画面が現れます

3 「表示スタイル」をクリック

4 正接エッジ表示の項目で「削除」に合わせます

2 図面ドキュメントの設定

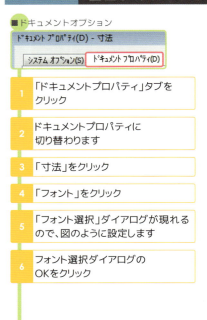
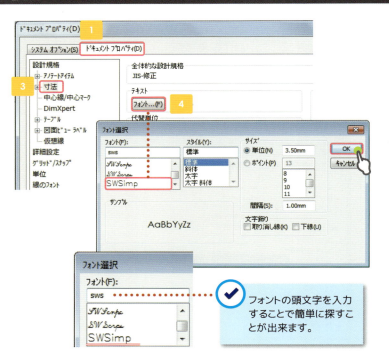

■ドキュメントオプション

1 「ドキュメントプロパティ」タブをクリック

2 ドキュメントプロパティに切り替わります

3 「寸法」をクリック

4 「フォント」をクリック

5 「フォント選択」ダイアログが現れるので、図のように設定します

6 フォント選択ダイアログのOKをクリック

✓ フォントの頭文字を入力することで簡単に探すことが出来ます。

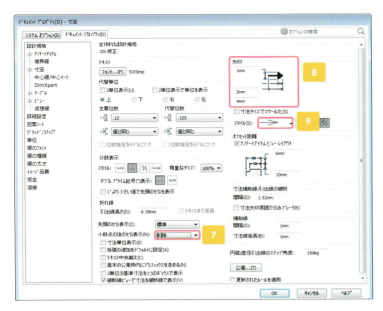

7	小数点後のゼロ表示を「削除」にします
8	以下のように矢印のサイズを設定します
9	スタイルを開矢印にします

10	寸法の「＋」ボタンをクリック
11	「面取り」をクリック
12	テキスト位置を図のタイプにします
13	面取りテキストフォーマットを「C1」に合わせます

14	「詳細設定」をクリック
15	ビューの作成時に自動的に挿入「中心マーク-穴」のチェックを外します
16	OKをクリック
17	システムオプションとドキュメントプロパティの設定ができました

図面の設定　111

3 投影法の設定

シートプロパティでは図面のシートサイズ、縮尺、図枠の設定などができます。
ここでは、投影図タイプを第3角法に設定します。

1. ツリーの「シート1」を右クリックしてメニューを表示します
2. 「プロパティ」を選択すると
3. シートプロパティが表示されます
4. 投影図タイプに「第3角法」を選択します
5. OKをクリック
6. シートに設定が適用されました

✓ シートプロパティでは、シート（図枠）のフォーマットやサイズ、図面のスケール（尺度）、投影法を設定することができます。

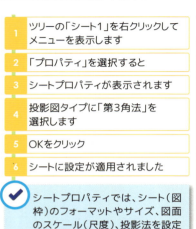
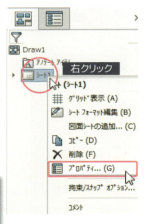
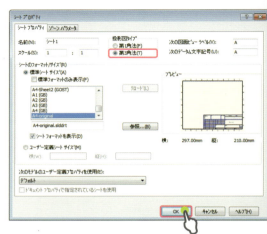

● 投影図の配置

■第3角法とは
　品物の手前に透明のガラスを設けて、このガラスに投影する方法を第3角法といいます。機械製図ではこの投影法を使います。

■標準3平面と図面投影機能
　SOLIDWORKSで部品やアセンブリを作るときは標準3平面（正面、平面、右側面）を基準にしています。図面の投影機能はこの標準3平面に対応しており、例えば部品を標準3平面の正面を垂直方向から見た図形が正面図となります。

■3面図とは
　図形は品物の特徴を最もよく表す面を正面図として描き、正面図で表せないところを平面図や側面図などで補足します。多くの品物は正面図、平面図、側面図の3面で表現することができ、これをひとまとめにして3面図と呼んでいます。

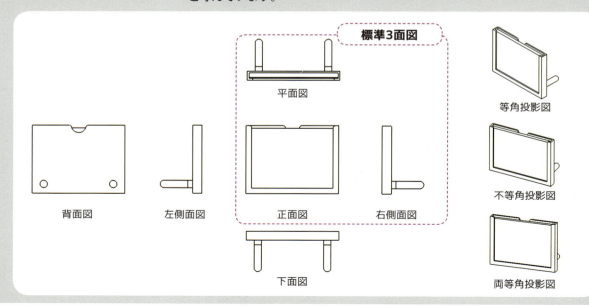

Chapter 5　図面の作成

4 組立図を作成する

カードスタンド組立

1 図を配置する

ファイルの種類をアセンブリへ

カードスタンド組立を選択

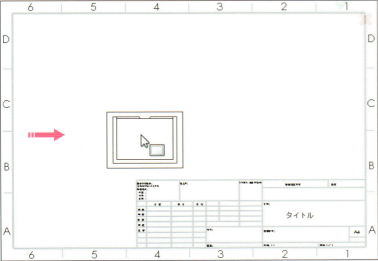

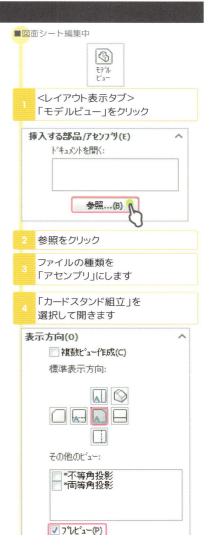

■図面シート編集中

1 ＜レイアウト表示タブ＞
「モデルビュー」をクリック

2 参照をクリック

3 ファイルの種類を
「アセンブリ」にします

4 「カードスタンド組立」を
選択して開きます

5 「正面」をオンにして、「プレビュー」
にチェックを入れます

6 オプションの「投影ビューの自動開
始」にチェックを入れます

7 ポインタを図面上に移動すると
正面図が現れます

組立図を作成する　113

| 8 | 図に示す位置でクリック |
| 9 | 正面図が配置されました |

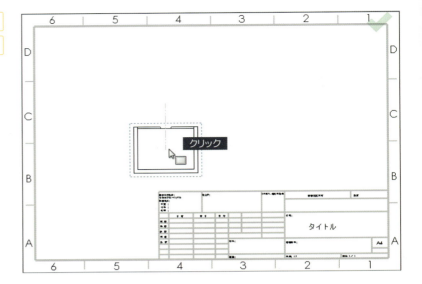

10	続けてポインタを上に移動すると平面図が現れます
11	図に示す位置でクリック
12	平面図が配置されます

✓ ポインタを移動する方向によって、対応する投影図が現れます。

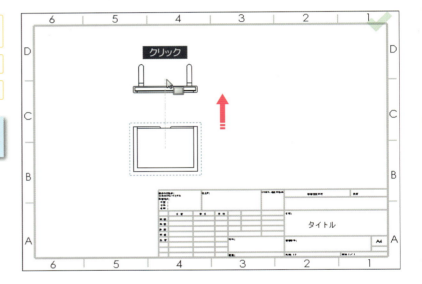

13	続けてポインタを右に移動すると右側面図が現れます
14	図に示す位置でクリック
15	右側面図が配置されます

| 16 | OKをクリック |
| 17 | 3面図が配置されました |

🔑 投影図の方向が図と異なる場合は、第1角法の設定になっています。P112を参照して、第3角法に切り替えましょう。

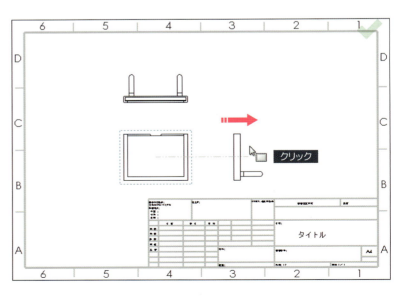

2 スケール（尺度）を確認する

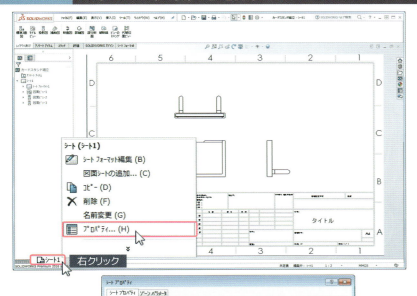

1. 「シート1」を右クリックしてメニューを表示します
2. 「プロパティ」を選択すると
3. シートプロパティが現れます
4. スケールが「1：2」になっているかを確認します
5. OKをクリック
6. 図面の尺度が確認できました

✓ ビューのスケール（尺度）を変更するには、「シートプロパティ」で行います。

3 図を移動する

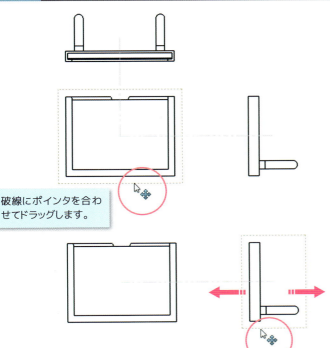

1. 正面図にポインタを近づけると破線が現れます

2. ポインタが変化します
3. 破線をドラッグすると正面図とともに平面図と右側面図も一緒に動きます

✓ 正面図と平面図、右側面図は二点鎖線で結ばれています。
これは正面図が親になっていることを意味しています。

破線にポインタを合わせてドラッグします。

4. 右側面図をドラッグすると右側面図だけが動きます

✓ 右側面図は正面図を親としているので、その投影されている方向のみに移動することができます。

組立図を作成する　115

| 5 | 図の配置を整えます |

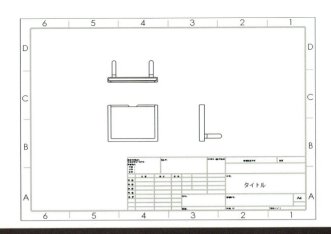

4 寸法を記入する

| 1 | <アノテートアイテムタブ>「スマート寸法」をクリック |

✓ <アノテートアイテムタブ>と<スケッチタブ>にあるスマート寸法コマンドは同じコマンドです。

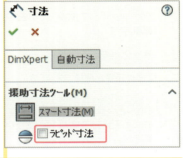

| 2 | ラピッド寸法のチェックを外します |

✓ ラピッド寸法についてはP119を参照ください。

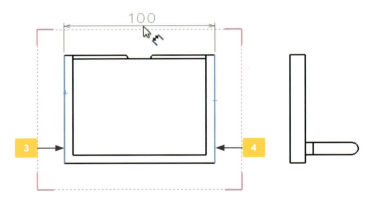

3	図に示すエッジをクリック
4	図に示すエッジをクリック
5	上に引き出し、適当なところでクリックすると
6	寸法が記入できます

✓ 寸法記入直後は、選択状態になっているため、そのまま寸法配置プロパティの設定が可能です。

7	図に示すエッジをクリック
8	図に示す円弧をクリック
9	上に引き出し、適当なところでクリックすると
10	寸法が記入できます

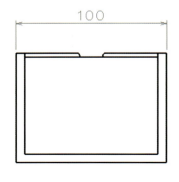

✓ 寸法の記入方法は、モデル作成時にスケッチへ記入する方法と同様です。

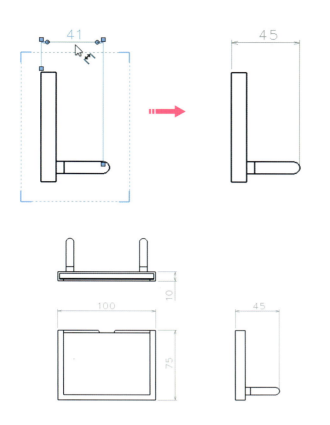

11	寸法配置プロパティの「引出線」タブをクリック
12	第1円弧の状態を「最大」に合わせます
13	エッジと円弧の最大寸法になりました
14	OKをクリックします
15	図に示すように残りの寸法も記入します

✓ 今回のように、手動で記入した寸法は灰色に表示されています。これは、モデルと相関関係を持たない参考の寸法で、従動寸法であることを意味しています。

5 図を追加する

1	<レイアウト表示タブ>「モデルビュー」をクリック
2	「カードスタンド組立」をダブルクリック
3	「不等角投影」と「プレビュー」にチェックを入れます
4	ポインタを図面上に移動して図に示す位置でクリック
5	不等角投影図が配置されました

✓ 不等角投影図は新たに挿入したビューなので独立しています。ドラッグすると単独で移動することができます。

6 図の表示を変える

1 不等角投影図のビューをクリック

2 表示スタイルの「エッジシェイディング表示」をクリック

3 表示スタイルを変更できました

✓ 部品やアセンブリで色をつけておくと図面に反映されます。色のつけ方はP104を参考にしてください。

7 図枠の注記を変更する

1 ＜シートタブ＞の上で右クリックしメニューを表示します

■図面シートフォーマット編集中

2 「シートフォーマット編集」を選択して、図枠の編集に入ります

✓ シートフォーマット編集中は、図面から図が消えて、図枠が編集できる状態になります。

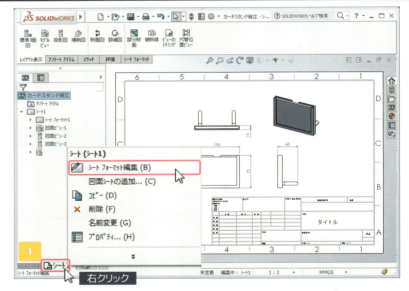

3 「タイトル」の文字にポインタを近づけると

4 ポインタが変化します

5 ダブルクリックすると

6 注記の編集に入ります

7 「カードスタンド組立」と入力します

8 文字枠の外でクリック

9 注記の編集ができました

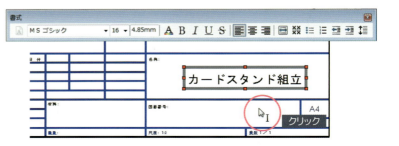

118　Chapter5　図面の作成

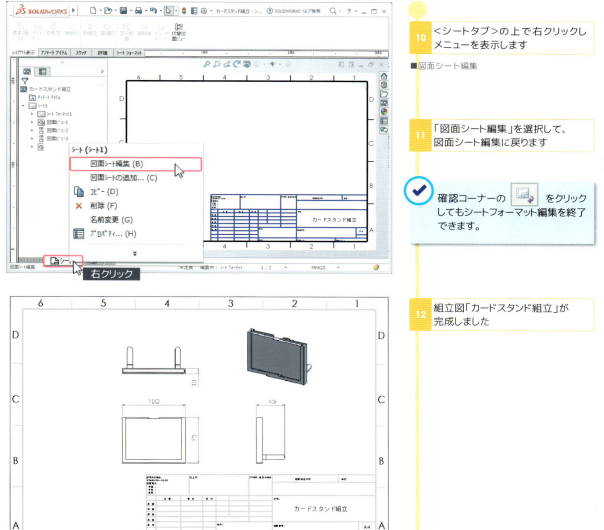

| 10 | <シートタブ>の上で右クリックしメニューを表示します |

■図面シート編集

| 11 | 「図面シート編集」を選択して、図面シート編集に戻ります |

✓ 確認コーナーの をクリックしてもシートフォーマット編集を終了できます。

| 12 | 組立図「カードスタンド組立」が完成しました |

ラピッド寸法

　援助寸法ツール「ラピッド寸法」にチェックを入れると、寸法を指定した距離で配置できます。
　距離の設定方法はオプション→ドキュメントプロパティー寸法→「オフセット距離」で指定することができます。

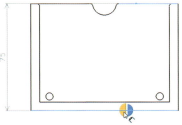
左側の半円の上でクリックすると
寸法が左側に配置されます。

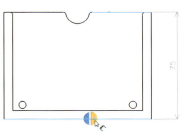
右側の半円の上でクリックすると
寸法が右側に配置されます。

組立図を作成する　119

Chapter 5 図面の作成

5 部品図を作成する その①

1 図面シートを追加する

1. 「シートを追加」をクリック
2. シートが追加されました

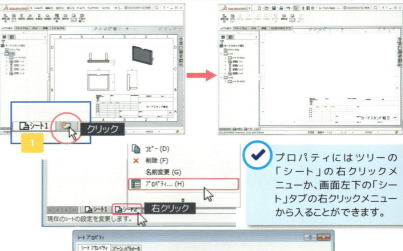

3. 追加されたシートタブの上で右クリックしメニューを表示します
4. 「プロパティ」をクリック
5. 標準シートフォーマット「A4-original」を選択します
6. OKをクリック
7. 図枠が「A4-original」に変わりました

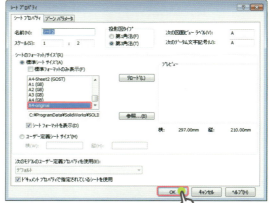

✓ プロパティにはツリーの「シート」の右クリックメニューか、画面左下の「シート」タブの右クリックメニューから入ることができます。

✓ シートを追加することにより、1つの図面ドキュメントで複数の図面を作成・保存しておくことができます。

2 3面図を配置する

1. <レイアウトタブ>「標準3面図」をクリック

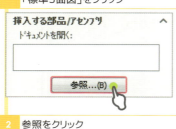

2. 参照をクリック
3. ファイルの種類を部品にします
4. 「ホルダー」を選択して開きます

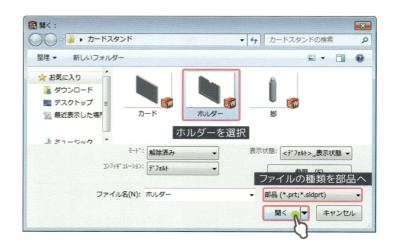

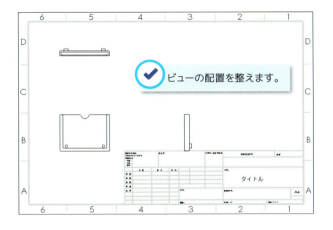

| 5 | 標準3面図が配置されます |

✓ ここでの標準3面図とは、正面図・平面図・右側面図をひとまとめにしたものとしています。

✓ 尺度が自動調整されて、ビューが配置されます。

| 6 | 正面図（親図）をクリック |

| 7 | 表示スタイルの「隠線表示」をクリック |
| 8 | 図に隠線が入りました |

✓ 親ビュー（正面図）に指定した設定は、子ビューに反映されます。ビューごとに設定が必要なときは、個別に選択して設定します。

3　中心線を入れる

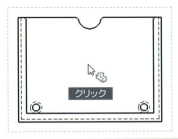
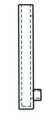

| 1 | <アノテートアイテムタブ>「中心マーク」をクリック |

2	ポインタが変化します
3	図に示す円（3カ所）を順にクリックすると
4	円に中心線が入りました

| 5 | OKをクリック |

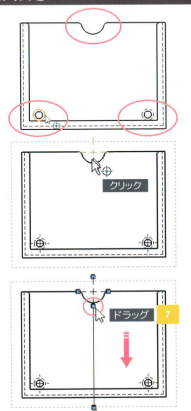

6	図に示す中心線をクリック
7	端点をドラッグすると
8	中心線を延長できます

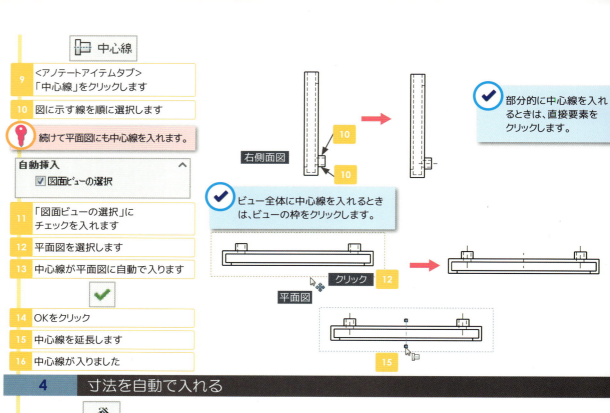

9	<アノテートアイテムタブ>「中心線」をクリックします
10	図に示す線を順に選択します

🔑 続けて平面図にも中心線を入れます。

自動挿入
☑ 図面ビューの選択

11	「図面ビューの選択」にチェックを入れます
12	平面図を選択します
13	中心線が平面図に自動で入ります

14	OKをクリック
15	中心線を延長します
16	中心線が入りました

4　寸法を自動で入れる

1	<アノテートアイテムタブ>「モデルアイテム」をクリック

データ源/指定先(S)
ソース(データ源):
モデル全体
☑ 全ビューへアイテム読み込み(I)

2	図のように設定します。

オプション(O)
☐ 非表示フィーチャーのアイテムを含む(H)
☐ スケッチの寸法配置使用(U)

3	「スケッチの寸法配置使用」のチェックを外します

4	OKをクリックすると
5	寸法が自動で入りました

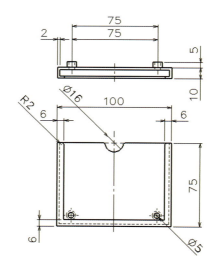
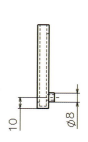

5　寸法を移動する

1	寸法をドラッグすると
2	寸法が移動します

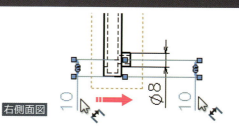

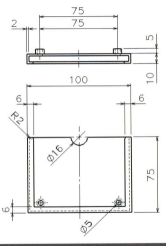
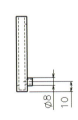

6 直径寸法から半径寸法に変更する

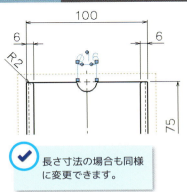
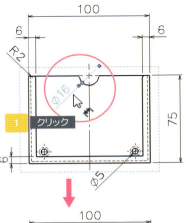

> 長さ寸法の場合も同様に変更できます。

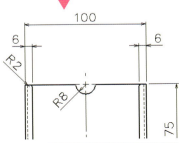

1. 図に示す寸法をクリックします

2. ツリーの寸法配置プロパティの<引出線タブ>をクリック

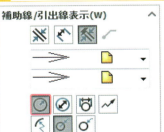

3. 補助線/引出線表示の「半径」をクリック

4. 直径寸法から半径寸法に変わりました

7 寸法に接頭語を追加する

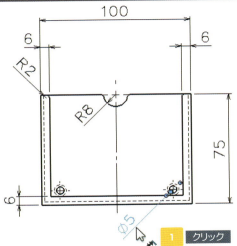

1. 図に示す寸法を選択します

2. ツリーが寸法配置のプロパティに切り替わります

> <DIM>は寸法値、<MOD-DIAM>は直径の記号のことです。その前後にコメントを追加します。

部品図を作成するその① 123

3 <MOD-DIAM>の前に2xを追加して 2x<MOD-DIAM><DIM>にすると

4 寸法Φ5に接頭語が追加され 「2xΦ5」になりました

5 OKをクリック

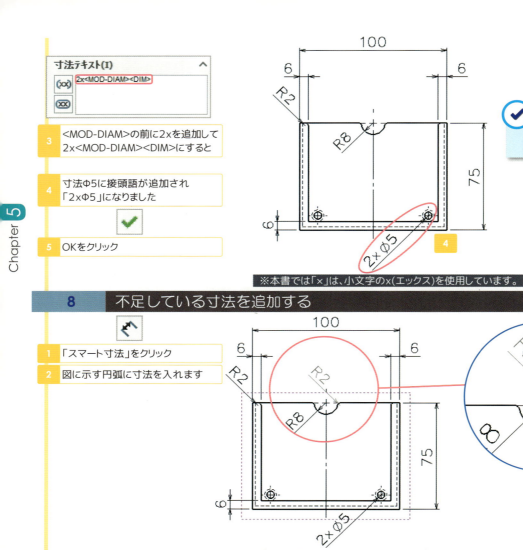

※本書では「x」は、小文字のx(エックス)を使用しています。

8 不足している寸法を追加する

1 「スマート寸法」をクリック

2 図に示す円弧に寸法を入れます

9 寸法を非表示にする

1 図に示す寸法を右クリックし メニューを表示します

2 「非表示」を選択すると

3 寸法が非表示になりました

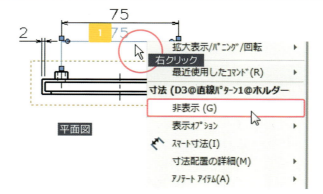

非表示にした寸法を再び表示するには？
メニューバーの「表示」から「アノテートアイテム」を選択します。すると、非表示の寸法が灰色で表示されます。寸法をクリックするたびに表示と非表示が入れ替わります。

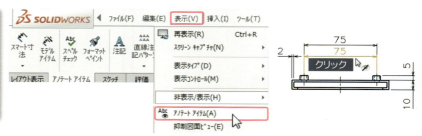

10 寸法を整列する

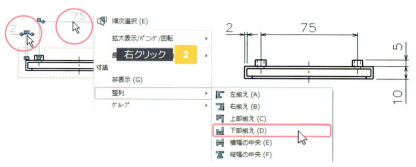

1. Ctrlキーを押しながら、図に示す2つの寸法を選択します
2. 選択した状態で右クリックしメニューを表示します
3. 整列▶下部揃えを選択すると
4. 下にある寸法線を基準に整列しました

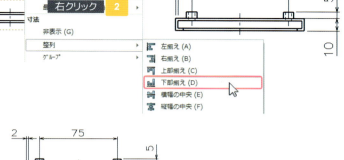

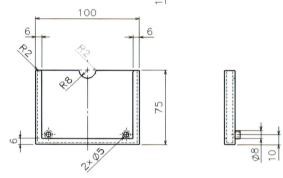

✓ 寸法矢印の向きを変える方法はP129で解説しています。

■図面シートフォーマット編集中

5. シートフォーマット編集に入ります
6. タイトルを「ホルダー」に編集します

■図面シート編集中

7. 図面シート編集に戻ります
8. 部品図「ホルダー」が完成しました

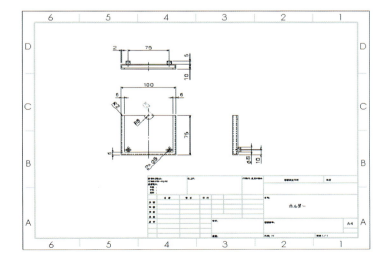

部品図を作成するその① 125

Chapter 5 図面の作成

6 部品図を作成する その②

1 図を配置する

1. 「シートを追加タブ」をクリック
2. シートが追加されました

3. <レイアウト表示タブ>
   「モデルビュー」をクリック

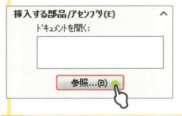

4. 参照をクリックして、「脚」を開きます

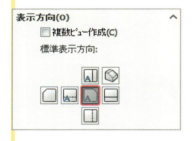

5. 正面図を適当なところに配置します

6. OKをクリック

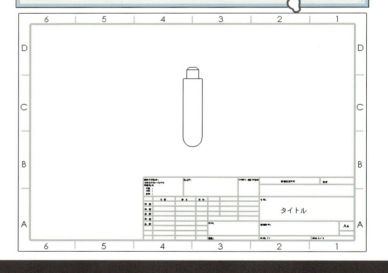

2 図を回転する

1. <ヘッズアップビューツールバー>
   「回転」をクリック

2. 正面図をドラッグして、
   図に示すような方向に回転します

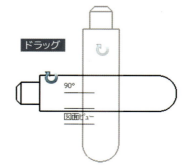

126　Chapter5　図面の作成

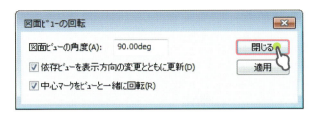

| 3 | 閉じるをクリック |
| 4 | 図の回転が確定します |

3 投影図を追加する

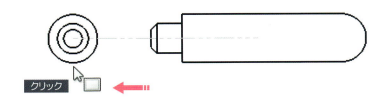

投影図

1	<レイアウト表示タブ> 「投影図」をクリック
2	正面図の左側へポインタを移動すると
3	左側面図が現れます
4	図に示す位置に配置します
5	OKをクリック

4 スケールを確認する

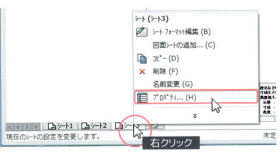

🔑 スケール(尺度)を確認しておきます。

| 1 | <シートタブ>の上で右クリックしメニューを表示します |
| 2 | 「プロパティ」をクリック |

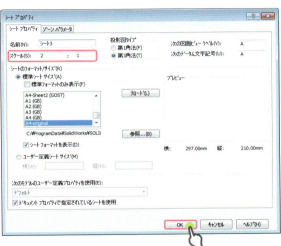

| 3 | スケールを確認できます |

✔ モデルのサイズにより自動でスケールが選択されます。

| 4 | OKをクリック |

部品図を作成するその② 127

5　中心線を入れる

1 ＜アノテートアイテムタブ＞
「中心マーク」をクリックし
図に示す円を選択します

2 OKをクリック

3 「中心線」をクリックし、図に示す
エッジを順に選択します

4 OKをクリック

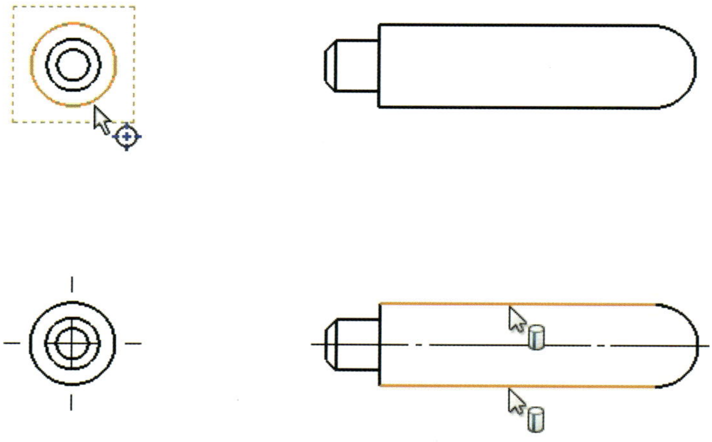

✔ 中心線の長さは線の端点を
ドラッグすることで調整します。

6　寸法を自動で入れる

1 ＜アノテートアイテムタブ＞
「モデルアイテム」をクリック

2 正面図を選択します

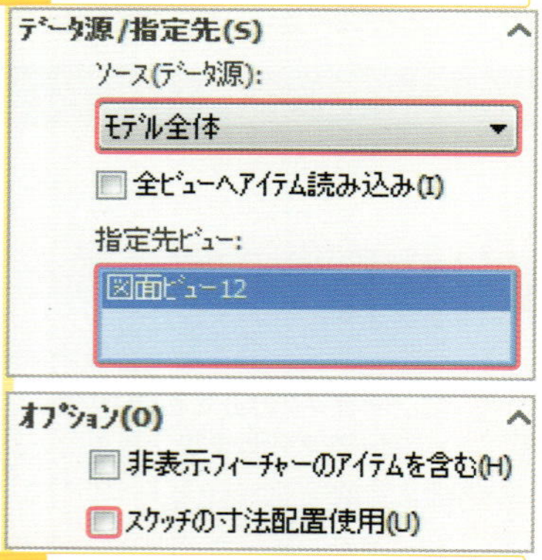

データ源/指定先(S)

ソース(データ源):
モデル全体

☐ 全ビューへアイテム読み込み(I)

指定先ビュー:
図面ビュー12

オプション(O)

☐ 非表示フィーチャーのアイテムを含む(H)

☐ スケッチの寸法配置使用(U)

3 図のように設定をします

4 OKをクリック

5 選択した正面図のみ、寸法が入りました

6 「45°」の寸法をクリック

7 Deleteキーで削除します

✔ 必要ない寸法は削除します。

8 寸法の配置を整えます

✔ 寸法補助線の長さを変えるには
先端の四角いマークをドラッグし
ます。

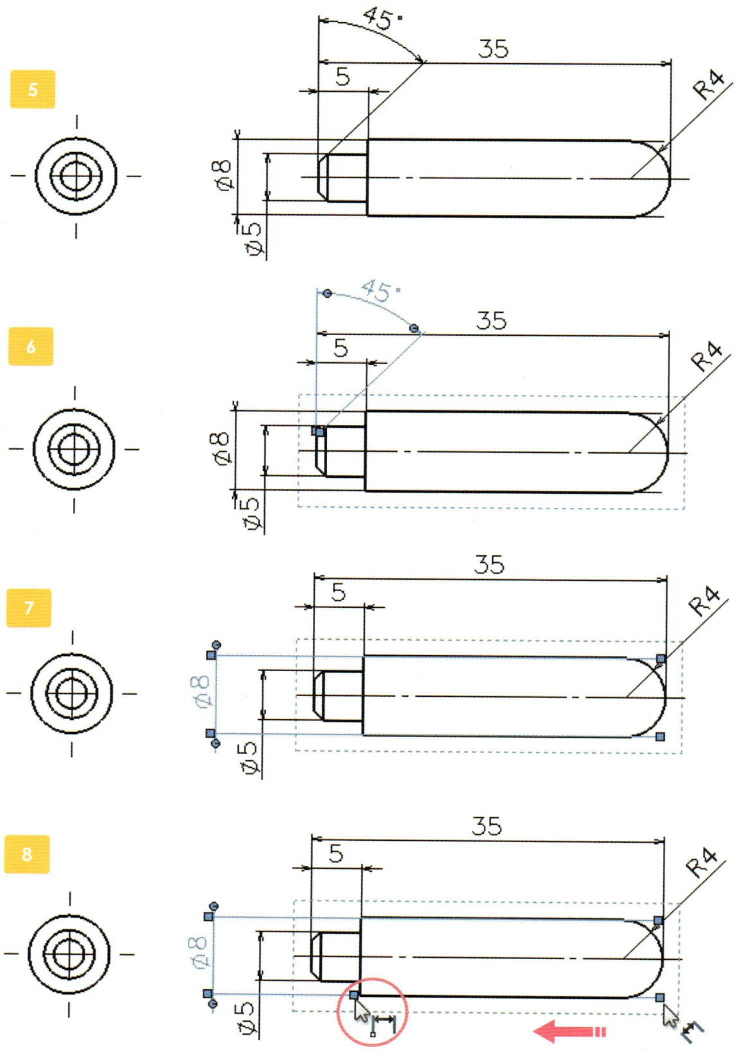

128　Chapter5　図面の作成

7　面取り寸法を入れる

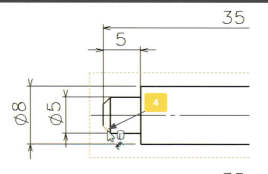
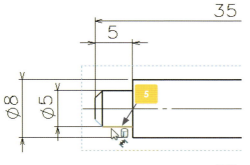
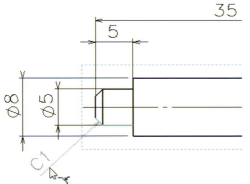

| 1 | 「寸法フライアウト」ボタンをクリック |

| 2 | 「面取り寸法」をクリック |

3	ポインタが変化します
4	まず図に示すエッジをクリック
5	次に図に示すエッジをクリック
6	面取り寸法が現れるので適当なところに配置します

| 7 | OKをクリック |
| 8 | 面取り寸法が入りました |

✔ 面取り寸法のタイプは、寸法配置プロパティの寸法テキスト項目で変更することができます。

8　寸法矢印の方向を変える

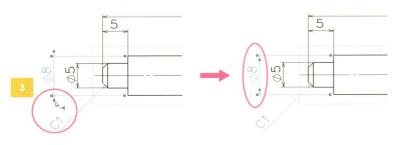

1	図に示す寸法をクリック
2	寸法矢印にマークが現れます
3	マークをクリックすると
4	矢印が内向きになります

✔ もう1度マークをクリックすると元に戻ります。

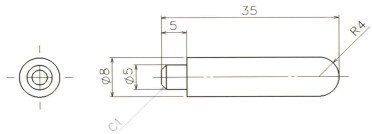

| 5 | 他の寸法も同様に行います |

部品図を作成するその② 129

■図面シートフォーマット編集中

| 6 | シートフォーマット編集に入ります |
| 7 | タイトルを「脚」に編集します |

■図面シート編集中

| 8 | 図面シート編集に戻ります |
| 9 | 部品図「脚」が完成しました |

9　図面ドキュメントを保存する

| 1 | 1つの図面ドキュメントの中に3枚の図面シートを作成してきました |

✓ シートタブをクリックすることで、それぞれの図面に切り替えることができます。

2	保存をクリック
3	変更されたドキュメントの保存ダイアログボックスが現れます
4	「すべて保存」をクリック
5	図面ビュー更新の確認ダイアログボックスが現れます
6	「はい」をクリック

✓ 確認メッセージは、図面に加えた変更を参照するモデルへ反映させるかどうかを確認するものです。これが双方向完全連想性です。

✓ 編集状態でない他のシートの図面を更新するかの確認です。

7	「指定保存」ダイアログボックスが現れます
8	「カードスタンド」という名前で保存します
9	図面ドキュメントを保存できました

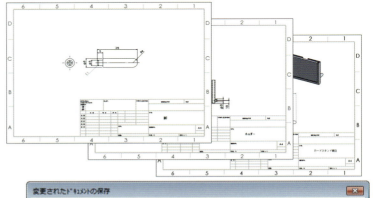
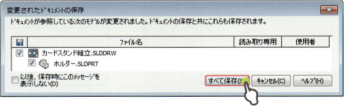
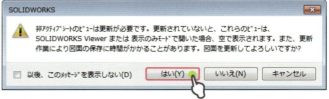
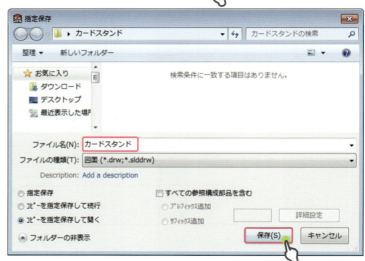

Chapter 6

応用演習
ちょっと難しいモデルに挑戦しよう

1　構成に合わせてフォルダを作る
2　形状をミラー複写する
3　長さの異なる面取り
4　距離合致
5　押し出しカットの応用
6　薄板を作成する
7　平面を作成する
8　面に勾配をつける
9　合致の復習
10　ボタン形状を作る
11　輪郭と輪郭をつないだ形状を作る
12　スケッチの軌跡で形状を作る
13　アセンブリの分解図
14　回転で曲面を作る
15　円周方向に形状を複写する
16　履歴を操作する
17　モデルの動きを確認する

ちょっと難しいモデルに挑戦しよう

● 「コーヒーミル」を作る

モデルは「コーヒーミル」です。
コーヒー豆を挽くために使用する道具です。
本Chapterでは、このコーヒーミルの作成を通して、基本機能の復習とさまざまな応用機能を習得していきます。

アセンブリ
「コーヒーミル」

「コーヒーミル」は、複数の部品で構成されているアセンブリモデルです。これを構成している「ホッパー」「スペーサー」「軸固定ネジ」は単体の部品です。対して「コンテナ組立」「ミル刃組立」「ハンドル組立」は組立品であり、それぞれ複数の部品から構成されています。このようなアセンブリを構成する組立品のことを『サブアセンブリ』といいます。

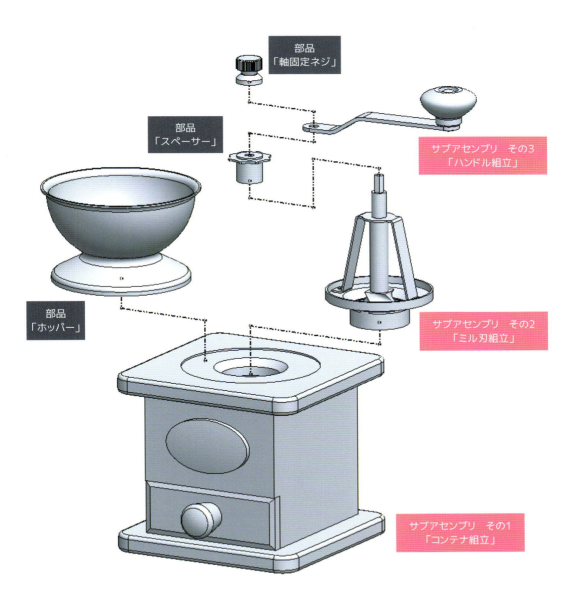

ちょっと難しいモデルに挑戦しよう　133

Chapter 6 応用演習

1 構成に合わせてフォルダを作る

1 樹形図

●樹形図

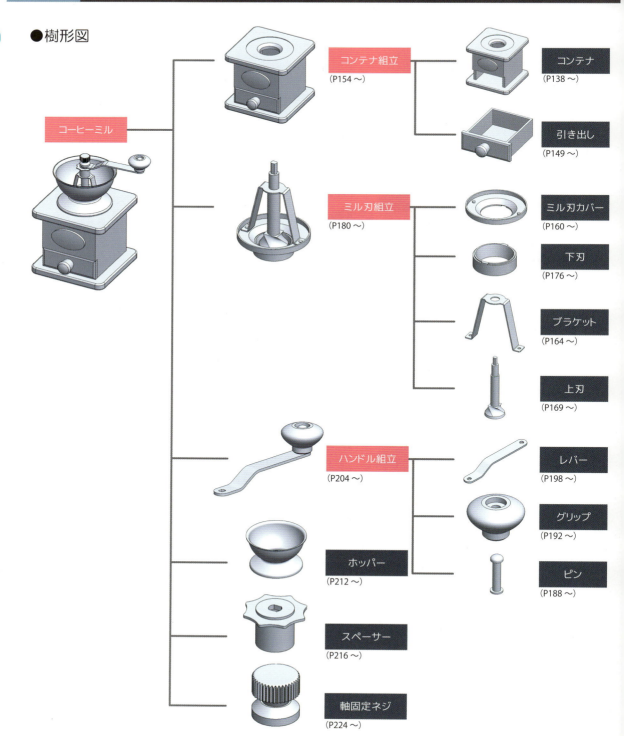

2　構成に合わせてフォルダを作る

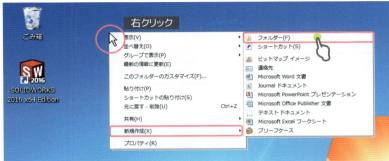

1	SOLIDWORKSを最小化して デスクトップを表示します
2	デスクトップ上で右クリックして メニューを表示します
3	新規作成▶ 「フォルダー」を選択します

4	デスクトップ上に「新しいフォル ダー」が作成されます
5	フォルダ名に「コーヒーミル」と 入力します
6	「コーヒーミル」のフォルダを 開きます

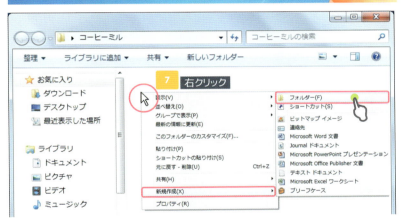

7	図に示す位置で右クリック
8	新規作成▶ 「フォルダー」を選択します

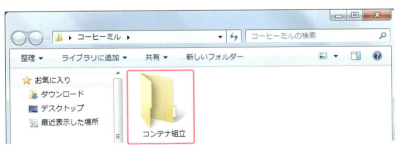

9	「新しいフォルダー」が 作成されます
10	フォルダ名に「コンテナ組立」と 入力します
11	同様にして、「ハンドル組立」 「ミル刃組立」のフォルダを 作成します

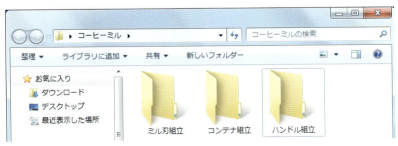

12	構成に合わせてフォルダが 用意できました

✓ 部品点数が多いモデルを作成するときはモデルを作成する前にフォルダを準備しておくと管理しやすくなります。

構成に合わせてフォルダを作る　135

サブアセンブリ　その１

サブアセンブリ名
「コンテナ組立」

組立手順
1. コンテナを配置する
2. 引き出しを挿入する
3. 移動距離を設定する

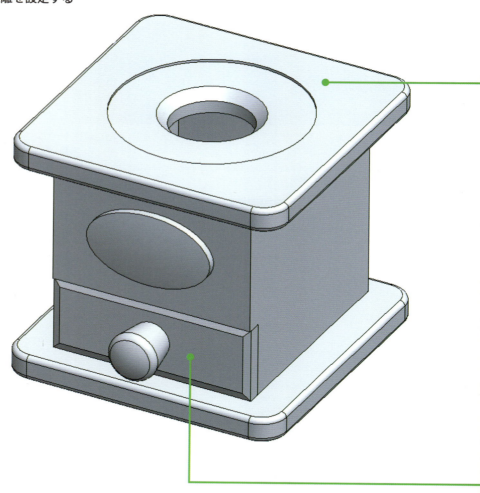

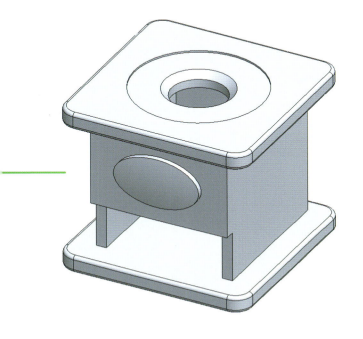

部品名
「コンテナ」

作業手順
1. 基礎となる形状を作る
2. モデルの中身を削除する
3. 底板を作成する
4. 天板を作成する
5. 引き出し口をあける
6. 天板へ加工する
7. 銘板をつける
8. フィーチャーを削除する

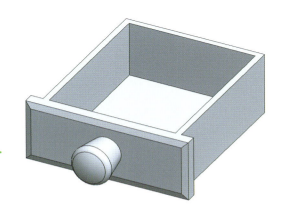

部品名
「引き出し」

作業手順
1. 基礎となる形状を作る
2. 箱状にする
3. 前板を追加する
4. 長さの異なる面取りをする
5. 取っ手を追加する

Chapter 6 応用演習

2 形状をミラー複写する

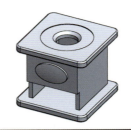

コンテナ

1 基礎となる形状を作る

押し出し：中間平面

1. 新しく部品ドキュメントを開きます

2. ツリーの「平面」を選択して スケッチに入ります

✓ 平面を選択すると現れる <コンテキストツールバー> からもスケッチに入れます。

3. 「矩形」をクリック

4. 原点を外して 図のような矩形を描きます

5. 「直線フライアウトボタン」から 「中心線」をクリック

6. 図のように矩形の対角を結びます

7. Escキーで中心線コマンドを 解除します

8. Ctrlキーを押しながら 原点と中心線を選択します

9. 「中点」の拘束をつけます

10. 中心線の中点と原点が 一致しました

11. Escキーで選択解除します

12. 「スマート寸法」をクリック

13. 図に示す寸法を入力します

14. Escキーでコマンドを解除します

✓ スケッチを終了せずに、そのまま フィーチャーコマンドに入ることも できます。

矩形の中心を原点に配置します。

 ※手順途中の拘束マークは省略しています。

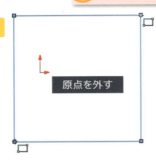

4 原点を外す

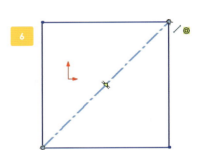

6

8 原点 中心線

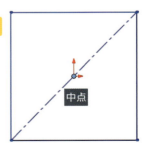

10 中点

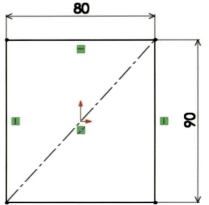

80 / 90

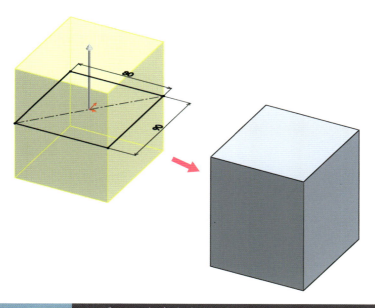

| 15 | 「押し出しボス/ベース」をクリック |

| 16 | 以上のように設定します |

✓ 中間平面は、スケッチ平面を基準に両方向に等しく厚みを振り分けるオプションです。

| 17 | OKをクリック |

| 18 | 基礎となる形状ができました |

2　モデルの中身を削除する　　　　押し出しカット：2方向

✓ 2つ目のスケッチからは自動的に表示が切り替わりません。
「選択アイテムに垂直」を使用するとスケッチが描きやすくなります。

| 1 | ツリーの「平面」を選択してスケッチに入ります |

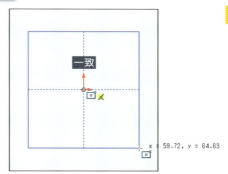

| 2 | 「矩形」をクリック |

| 3 | 矩形タイプの「矩形中心」をクリック |
| 4 | 「中点から」にチェックを入れます |

✓ 矩形タイプを変えることで、矩形の描き方を変更することができます。矩形中心は、クリックした点を中心に矩形を描くことができるオプションです（ver.2008以降）。「コーナーから」「中点から」のオプションはver.2016からです。

🔑 ver.2007以前をお使いの場合は、P138の方法で描きます。

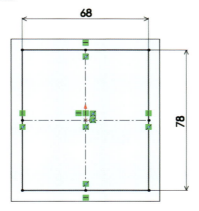

| 5 | 原点を中心に図のようなスケッチを描きます |

| 6 | 「スマート寸法」をクリック |
| 7 | 図に示す寸法を入力します |

8 「押し出しカット」をクリック

9 以上のように設定します

✓ 「全貫通－両方」を選択すると「方向2」にチェックが入り「全貫通」となります。方向1、方向2はそれぞれ別の設定に変更することができます。

10 OKをクリック

11 モデルの中身が削除できました

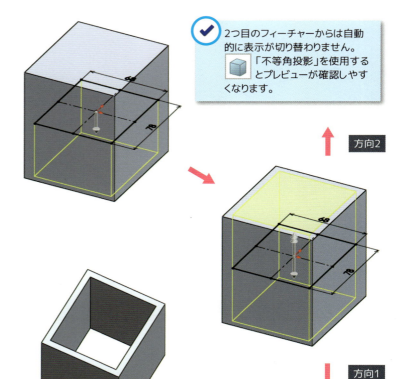

✓ 2つ目のフィーチャーからは自動的に表示が切り替わりません。「不等角投影」を使用するとプレビューが確認しやすくなります。

方向2

方向1

✓ 表示を回転させてモデルを確認して見ましょう。

3　底板を作成する　　　　　　　　　　　　　　　拘束：等しい値

1 図に示す面を選択してスケッチに入ります

2 表示方向「底面」をクリック

3 「矩形」をクリック

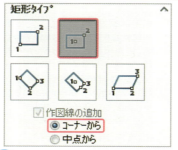

✓ 矩形タイプは「矩形中心」が便利です。

4 原点を中心に図のようなスケッチを描きます

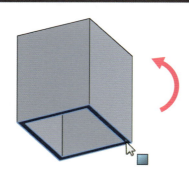

✓ 表示を回転させて選択します。

✓ モデルの面を選択して<コンテキストツールバー>の「スケッチ」からもスケッチを開始することができます。

スケッチ編集

スケッチ

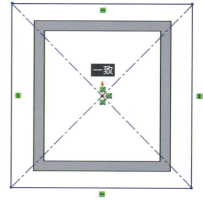

一致

140　Chapter6　応用演習

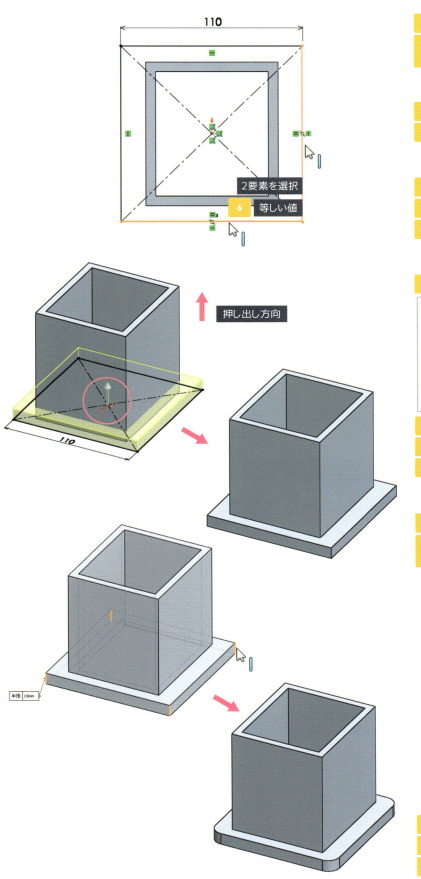

5	Escキーでコマンドを解除します
6	Ctrlキーを押しながら図に示す2本の直線を選択します

7	「等しい値」の拘束をつけます
8	正方形になります

9	「スマート寸法」をクリック
10	図に示す寸法を入力します
11	Escキーでコマンドを解除します

12	「押し出しボス/ベース」をクリック

13	以上のように設定します
14	OKをクリック
15	底板ができます

16	「フィレット」をクリック
17	図に示す4本のエッジを選択します

18	以上のように設定します
19	OKをクリック
20	角に丸みがつきます

形状をミラー複写する 141

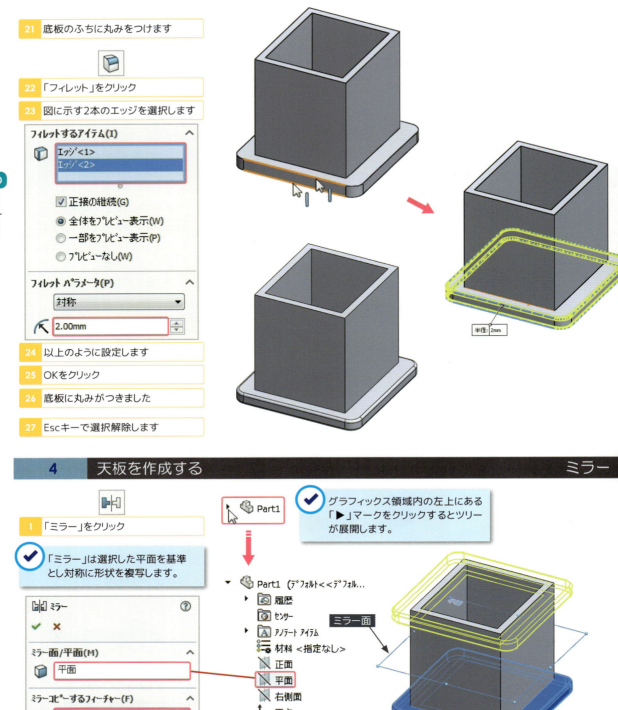

21	底板のふちに丸みをつけます
22	「フィレット」をクリック
23	図に示す2本のエッジを選択します
24	以上のように設定します
25	OKをクリック
26	底板に丸みがつきました
27	Escキーで選択解除します

4 天板を作成する　　ミラー

| 1 | 「ミラー」をクリック |

✓ 「ミラー」は選択した平面を基準とし対称に形状を複写します。

✓ グラフィックス領域内の左上にある「▶」マークをクリックするとツリーが展開します。

✓ ツリーのフィーチャーをクリックすると選択できます。

2	以上のように設定します
3	OKをクリック
4	天板ができました

5 引き出し口をあける　　　押し出しカット：ブラインド

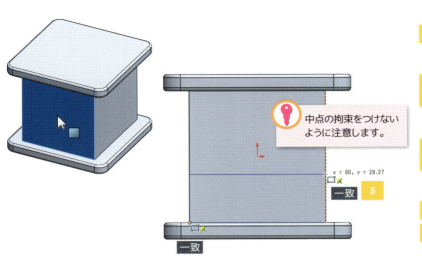

1 「不等角投影」をクリック

2 図に示す面を選択してスケッチに入ります

3 表示方向「選択アイテムに垂直」をクリック

4 「矩形」をクリック

5 図のようなスケッチを描きます

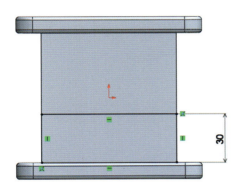

6 「スマート寸法」をクリック

7 図に示す寸法を入力します

8 Escキーでコマンドを解除します

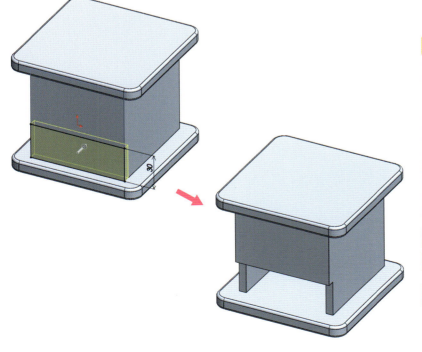

9 「押し出しカット」をクリック

10 以上のように設定します

11 OKをクリック

12 引き出し口ができました

6 天板を加工する　　押し出しカット：次サーフェス　　面取り

1 図に示す面を選択して
スケッチに入ります

2 表示方向「平面」をクリック

3 図のようなスケッチを描きます

4 「押し出しカット」をクリック

5 以上のように設定します

6 OKをクリックすると
凹みができます

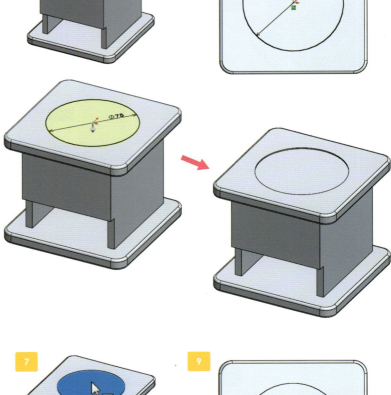

7 図に示す面を選択して
スケッチに入ります

8 表示方向「平面」をクリック

9 図のようなスケッチを描きます

10 「押し出しカット」をクリック

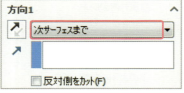

11 以上のように設定します

12 OKをクリックすると
穴が開きます

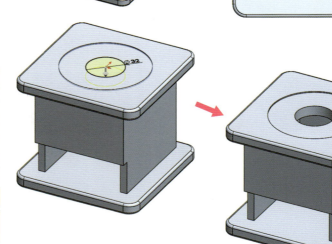

144　Chapter6　応用演習

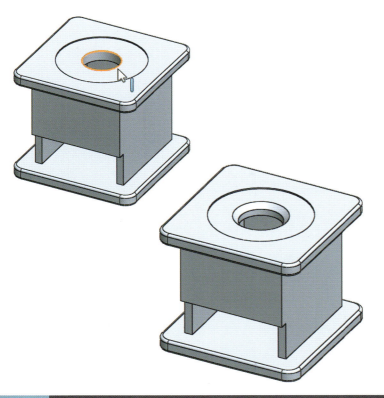

13	「フィレットフライアウトボタン」から「面取り」をクリック
14	図に示すエッジを選択します
15	以上のように設定します
16	OKをクリック
17	面取りができました

7 銘板をつける　　スケッチ：楕円

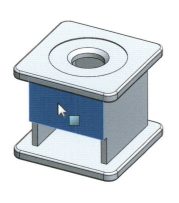
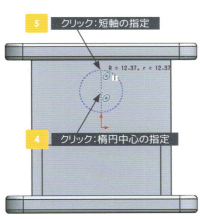

1	図に示す面を選択してスケッチに入ります
2	表示方向「選択アイテムに垂直」をクリック
3	<スケッチタブ>「楕円」をクリック

✓ ツールバーに「楕円」アイコンがない場合は、<メニューバー>のツール▶スケッチエンティティ▶「楕円」を選択するとコマンドに入れます。

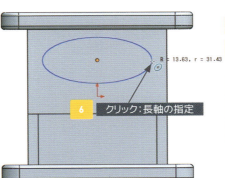

4	図に示す位置をクリック
5	ポインタを上に移動してクリック
6	ポインタを横に移動してクリック
7	楕円が描けます
8	Escキーでコマンドを解除します

形状をミラー複写する　145

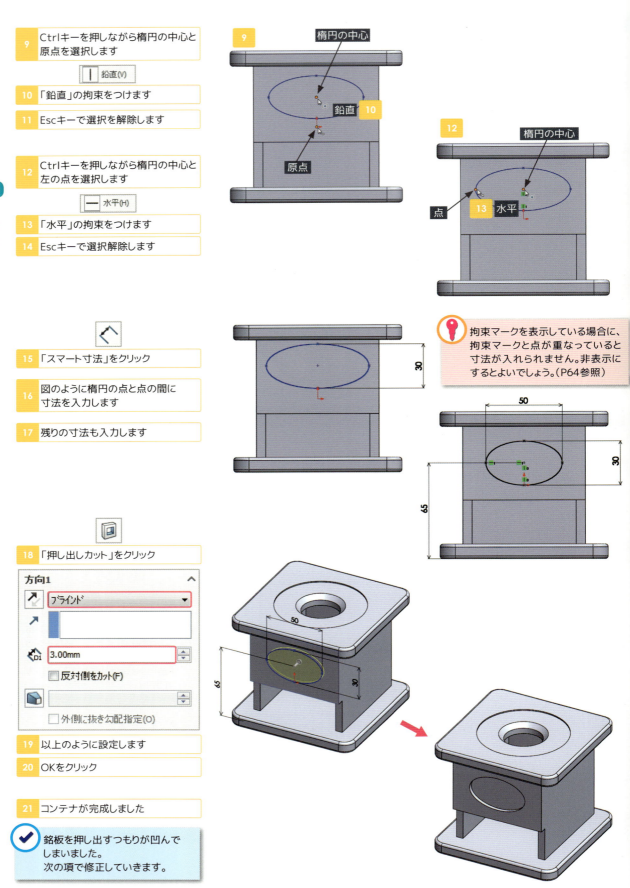

8　フィーチャーを削除する

押し出しカットフィーチャーから、押し出しフィーチャーへ直接変更することはできません。
押し出しカットフィーチャーを削除して、改めて押し出しフィーチャーを構築し直します。

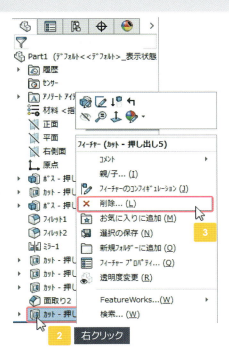

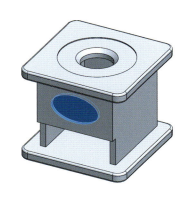

1	図に示すツリーのフィーチャーにマウスポインタを合わせます
2	右クリックするとメニューが表示されます
3	「削除」を選択します

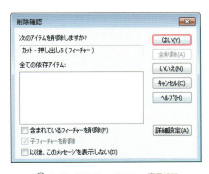

4	削除確認のダイアログボックスが現れます
5	「はい」をクリック
6	押し出しカットのフィーチャーが削除され、スケッチだけが残ります

✓ スケッチも一緒に削除する場合は、削除確認ダイアログボックスで「含まれているフィーチャーを削除」にチェックを入れます。

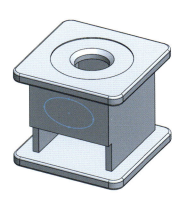

| 7 | ツリーから図に示すスケッチを選択します |

形状をミラー複写する　147

| 8 | 「押し出しボス/ベース」をクリック |

方向1
- ブラインド
- 3.00mm
- ☑ マージする(M)

| 9 | 以上のように設定します |
| 10 | OKをクリック |

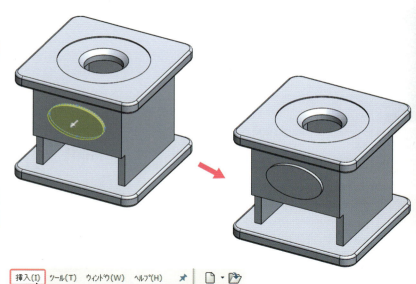

11	<メニューバー>の「挿入」をクリック
12	フィーチャー▶「ドーム」を選択します
13	図に示す面を選択します

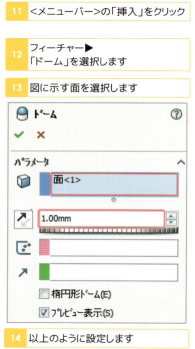

ドーム

パラメータ
- 面<1>
- 1.00mm
- ☐ 楕円形ドーム(E)
- ☑ プレビュー表示(S)

| 14 | 以上のように設定します |
| 15 | OKをクリック |

| 16 | 銘板ができました |
| 17 | コンテナが完成しました |

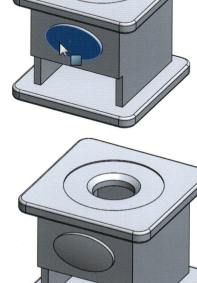

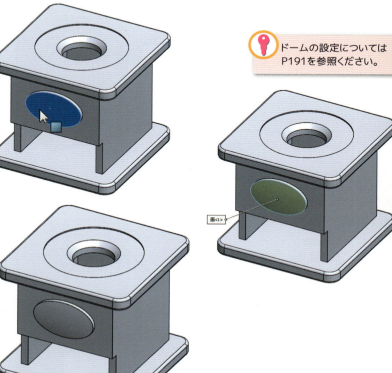

ドームの設定については
P191を参照ください。

| 18 | 保存をクリック |
| 19 | <コンテナ組立フォルダ>の中に「コンテナ」という名前で保存します |

148　Chapter6　応用演習

Chapter 6 応用演習

3 長さの異なる面取り

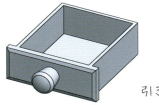
引き出し

1 基礎となる形状を作る　　押し出し：中間平面

矩形下側直線の中点を原点に配置します。

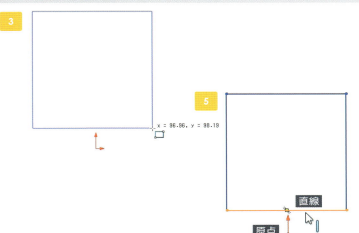
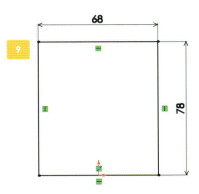
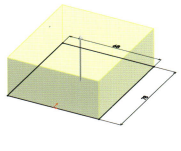
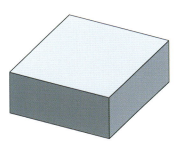

1 新しく部品ドキュメントを開きます

2 ツリーの「平面」を選択してスケッチに入ります

3 原点を外して図のような矩形を描きます

4 Escキーでコマンドを解除します

5 Ctrlキーを押しながら原点と図に示す直線を選択します

6 「中点」の拘束をつけます

7 直線の中点と原点が一致します

8 Escキーで選択解除します

9 図に示す寸法を入力します

10 「押し出しボス/ベース」をクリック

11 以上のように設定します

12 OKをクリック

13 基礎となる形状ができました

長さの異なる面取り 149

2 箱状にする　　　　　　　　　　　　　　　　　　　　シェル

1 「シェル」をクリック
2 図に示す面を選択します

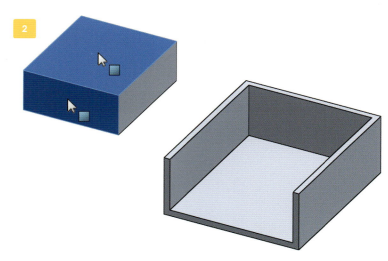

3 以上のように設定します
4 OKをクリック
5 中身がくり抜かれました

3 前板を追加する　　　　　　　　　　　　　　押し出し：ブラインド

1 ツリーの「正面」を選択してスケッチに入ります
2 図のようなスケッチを描きます
3 Escキーでコマンドを解除します
4 Ctrlキーを押しながら図に示す原点と直線を選択します
5 「中点」の拘束をつけます
6 直線の中点と原点が一致しました
7 Escキーで選択解除します
8 Ctrlキーを押しながら図に示すエッジと直線を選択します
9 「同一線上」の拘束をつけます
10 直線がエッジの線上に一致しました
11 Escキーで選択解除します

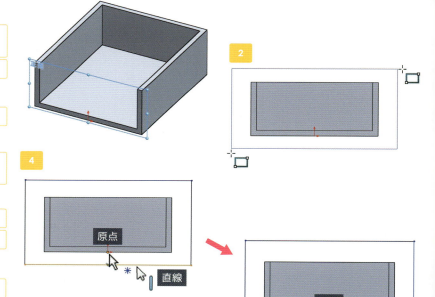
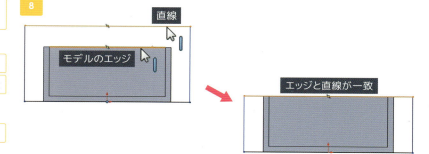

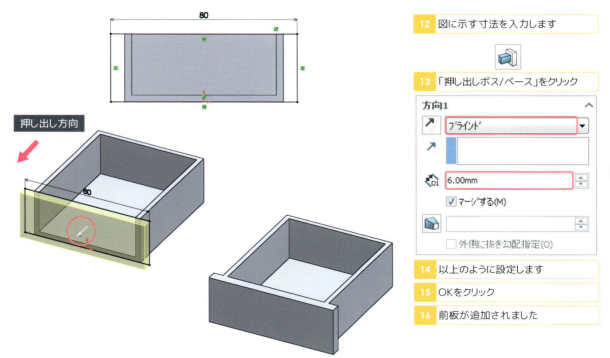

12 図に示す寸法を入力します

13 「押し出しボス/ベース」をクリック

14 以上のように設定します

15 OKをクリック

16 前板が追加されました

4 長さの異なる面取りをする　　　　面取り：距離と距離

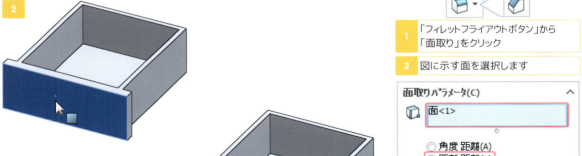

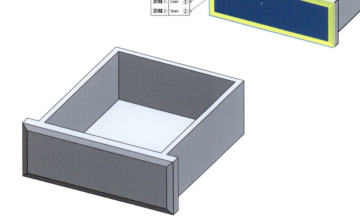

1 「フィレットフライアウトボタン」から「面取り」をクリック

2 図に示す面を選択します

3 以上のように設定します

4 OKをクリック

5 角を取ることができました

長さの異なる面取り　151

5 取っ手を追加する　　　回転

1. ツリーの「右側面」を選択してスケッチに入ります

2. 「直線フライアウトボタン」から「中心線」をクリック
3. 図のようにエッジの中点と一致するように水平の線を描きます

4. 「中心点円弧」をクリック
5. 中心線の端点でクリック
6. 図に示す位置でクリック
7. 図に示す位置でクリック
8. 円弧が描けました

9. 「直線」コマンドをクリック
10. 図のようなスケッチを描きます

11. 「スマート寸法」をクリック
12. 図の端点と中心線をクリック
13. 直径寸法を入力します

✓ ver.2012以降では、続けて直径寸法入力状態になっています。

14. 続けて、図の端点をクリックします
15. 直径寸法を入力します

🔑 ver.2011以前では、自動的に直径寸法が現れないので、中心線と端点をクリックして寸法を入力します。

16. Escキーを押して直径寸法入力の状態を解除します
17. 図のような寸法を入力します

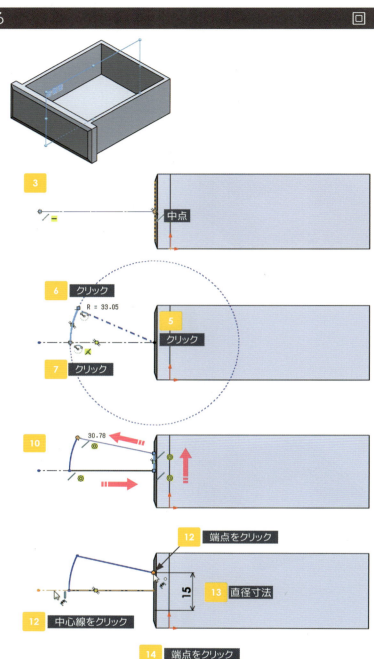

152　Chapter6　応用演習

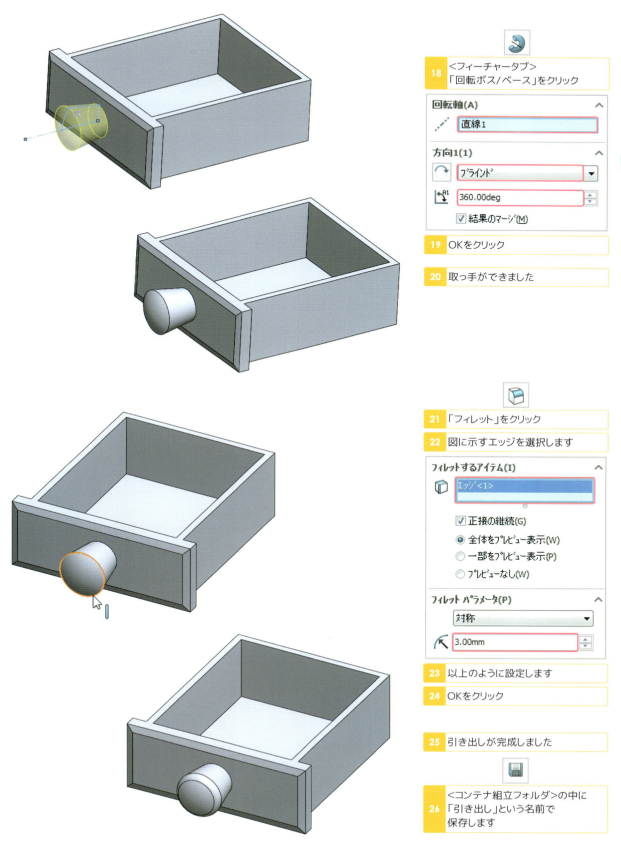

Chapter 6 応用演習

4 距離合致

コンテナ組立

1 コンテナを配置する

ベース部品挿入

| 1 | 新しくアセンブリドキュメントを開きます |

3 ファイルの種類を部品へ

2	参照をクリック
3	ファイルの種類を「部品」にします
4	「コンテナ」を選択して開きます

コンテナを選択 4

| 5 | ポインタをグラフィックス領域内に移動すると「コンテナ」が現れます |

✓ 原点を表示するには、
<ヘッズアップビューツールバー>
「アイテムを表示/非表示」の
「原点」をオンにします。

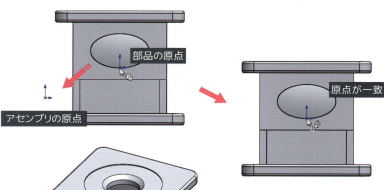

部品の原点
アセンブリの原点
原点が一致

| 6 | ポインタをアセンブリの原点に合わせてクリック |
| 7 | アセンブリ空間上にコンテナが配置されました |

✓ 構成部分の挿入時にプロパティ上部のOKボタンを押すことでも「部品の原点」と「アセンブリの原点」を一致させて配置することができます。

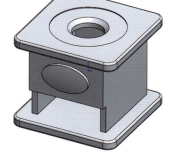

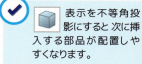
✓ 表示を不等角投影にすると次に挿入する部品が配置しやすくなります。

154 Chapter6 応用演習

2 引き出しを挿入する　　　　　　　　　　　　　　　　部品の挿入

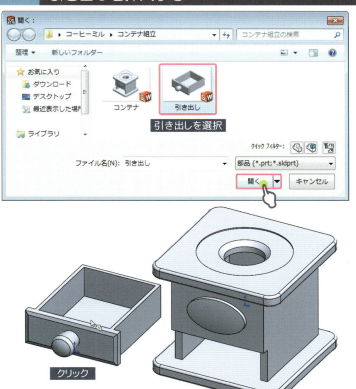

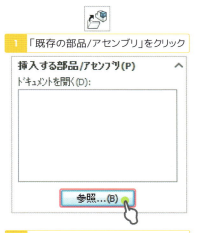

1 「既存の部品/アセンブリ」をクリック

2 参照をクリック

3 「引き出し」を選択して開きます

4 グラフィックス領域内の図に示す位置でクリックし、「引き出し」を挿入します

3 移動距離を設定する　　　　　　　　　　　　　　　　距離合致

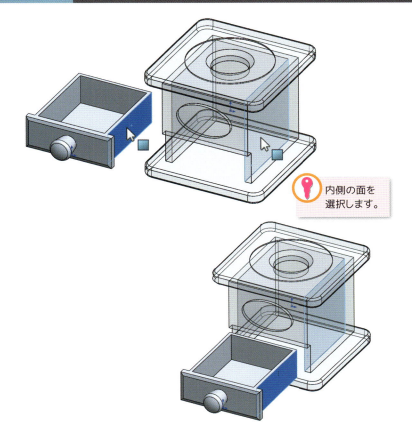

<部品の操作>
ポインタを部品に合わせてマウス左ボタンをドラッグで移動し、マウス右ボタンをドラッグで回転します。

1 「合致」をクリック

2 図に示す面と面に「一致」合致をつけます

方向に注意してください。

合致をつける方向が反転した場合は合致プロパティの「合致の整列状態」のボタンで向きを反転することができます。

3 OKをクリック

距離合致

4 図に示す面と面に
「一致」合致をつけます

5 OKをクリック

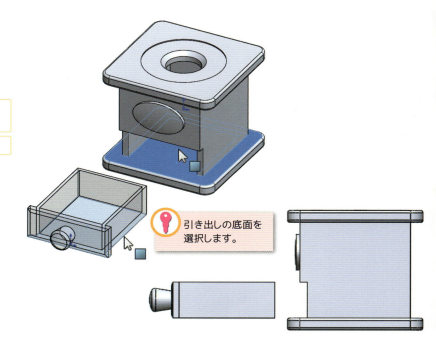

引き出しの底面を
選択します。

✓ 引き出しをドラッグすると制限なく
移動します。
そこで今度は移動できる範囲を
指定していきます。

6 図に示す面と面を選択します

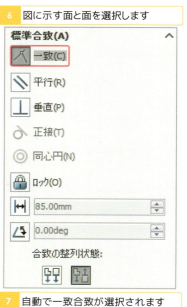

7 自動で一致合致が選択されます

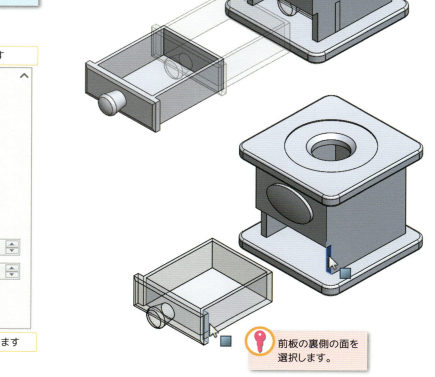

前板の裏側の面を
選択します。

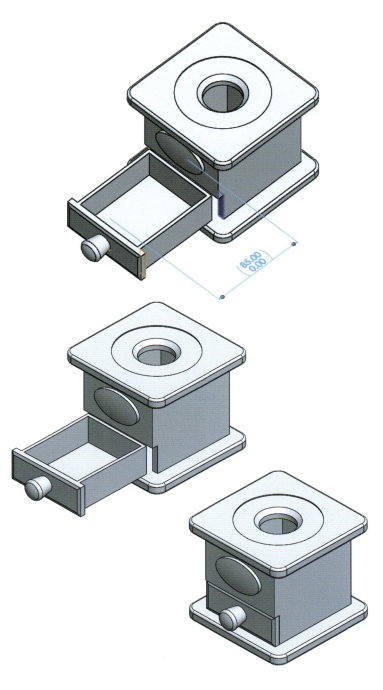

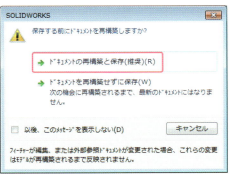

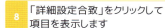

8 「詳細設定合致」をクリックして項目を表示します

9 以上のように設定します

10 OKを2回クリック

11 引き出しが配置されました

12 引き出しをドラッグすると設定した範囲で移動が制限されます

✓ 距離制限合致により、
面間の距離が以下の設定値
　　最大：85mm
　　最小：　0mm
の範囲でのみ移動できるようになります。

13 <コンテナ組立フォルダ>の中に「コンテナ組立」という名前で保存します

✓ 再構築のメッセージが現れます。これは保存する前の再構築確認なので、「ドキュメントの再構築と保存」を選びます。

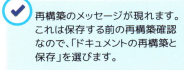

距離合致　157

サブアセンブリ　その２

サブアセンブリ名
「ミル刃組立」

組立手順
1. ミル刃カバーを配置する
2. 下刃を配置する
3. ブラケットを配置する
4. 上刃を配置する

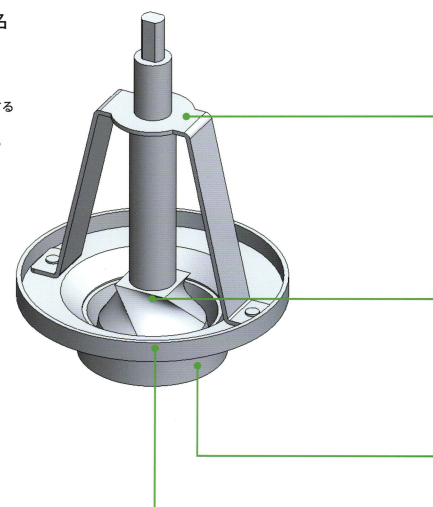

部品名
「ミル刃カバー」

作業手順
1. 基礎となる形状を作る
2. 余分な部分を削除する
3. 薄板化する
4. 突起を追加する

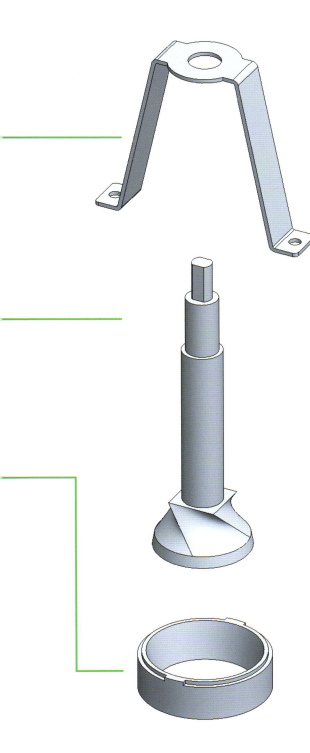

部品名
「ブラケット」

作業手順
1. 薄板を作成する
2. 板の厚みに押し出す
3. 軸通し穴をあける
4. 固定用の穴をあける

部品名
「上刃」

作業手順
1. 基本軸を作成する
2. 軸を細く加工する
3. 回り止めを加工する
4. 上刃を追加する
5. 新しく平面を作成する
6. 輪郭と輪郭をつないだ形状をつくる

部品名
「下刃」

作業手順
1. 基礎となる形状を作る
2. 段をつける
3. 回り止めを作る
4. 穴をあける
5. 面に勾配をつける

Chapter 6 応用演習

5 押し出しカットの応用

ミルクカバー

1 基礎となる形状を作る　　押し出し：ブラインド

1 新しく部品ドキュメントを開きます

2 ツリーの「平面」を選択して
スケッチに入ります

3 図のようなスケッチを描きます

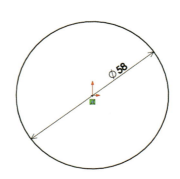

4 「押し出しボス/ベース」をクリック

方向1
ブラインド
10.00mm
□ 外側に抜き勾配指定(O)

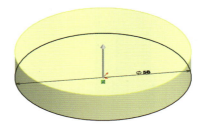

5 以上のように設定します
6 OKをクリック

7 基礎となる形状ができました

2 余分な部分を削除する　　押し出しカット：反対側をカット

1 ツリーの「平面」を選択して
スケッチに入ります

2 図のようなスケッチを描きます

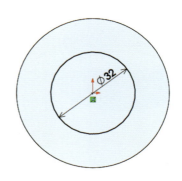

160　Chapter6　応用演習

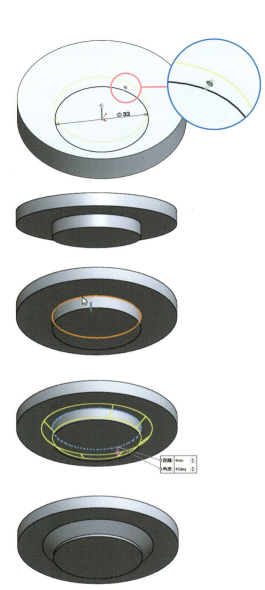

3 「押し出しカット」をクリック

方向1

ブラインド

5.00mm

☑ 反対側をカット(F)

4 以上のように設定します

5 OKをクリックするとモデルの余分な部分が削除されます

6 「フィレットフライアウトボタン」から「面取り」をクリック

7 図に示すエッジを選択します

面取りパラメータ(C)

エッジ<1>

● 角度 距離(A)
○ 距離 距離(D)
○ 頂点(V)

☐ 方向反転(F)

4.00mm

45.00deg

8 以上のように設定します
9 OKをクリック
10 図のように肉付けされました

スケッチ輪郭の外側を削除

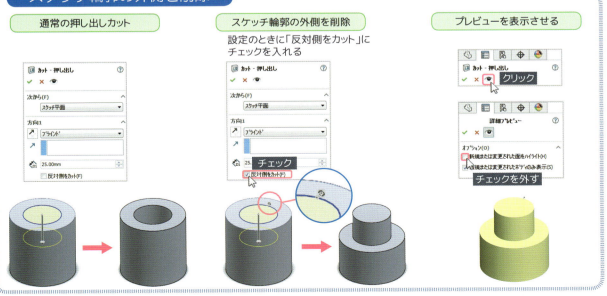

通常の押し出しカット	スケッチ輪郭の外側を削除	プレビューを表示させる
	設定のときに「反対側をカット」にチェックを入れる	

押し出しカットの応用 161

3 薄板化する　　　シェル：開口2面

1. 「シェル」をクリック
2. 図に示す2つの面を選択します

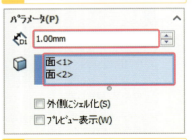

3. 以上のように設定します
4. OKをクリック
5. 薄板化できました

4 突起を追加する

1. 図に示す面を選択してスケッチに入ります

2. 表示方向「平面」をクリック

3. 「直線フライアウトボタン」から「中心線」をクリック
4. モデルから外れた位置に水平に線を引きます

5. 中心線の両端点に「円」を描きます
6. Escキーでコマンドを解除します

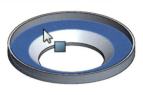

7. 2つの円に「等しい値」の拘束をつけます
8. Escキーで選択解除します

9. 原点と中心線に「中点」の拘束をつけます

✔ 複数の要素を選択する場合は、Ctrlキーを押しながら選択します。

10. 図のような寸法を入力します

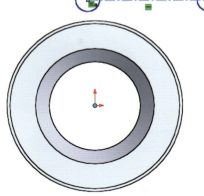

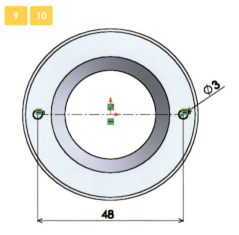

162　Chapter6　応用演習

11 「押し出しボス/ベース」をクリック

12 以上のように設定します

13 OKをクリックすると突起が追加されます

14 ツリーの「正面」を選択してスケッチに入ります

15 図のようなスケッチを描きます

16 原点と直線に「中点」の拘束をつけます

17 図のような寸法を入力します

18 「押し出しカット」をクリック

19 以上のように設定します

🔑 ver.2013以前では方向2にチェックを入れて全貫通にします。

20 ミル刃カバーが完成しました

21 <ミル刃組立フォルダ>の中に「ミル刃カバー」という名前で保存します

押し出しカットの応用 163

Chapter 6 応用演習

6 薄板を作成する

ブラケット

1 薄板を作成する　　　　　　押し出し：薄板フィーチャー

| 1 | 新しく部品ドキュメントを開きます |

| 2 | ツリーの「正面」を選択してスケッチに入ります |
| 3 | 図のようなスケッチを描きます |

| 4 | 図に示すようにドラッグですべてのスケッチを囲みます |

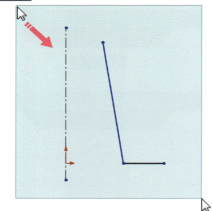

| 5 | すべての要素が選択されました |

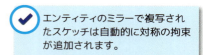

| 6 | <スケッチタブ>「エンティティのミラー」をクリック |
| 7 | 中心線の反対側にスケッチが複写されました |

✓ エンティティのミラーで複写されたスケッチは自動的に対称の拘束が追加されます。

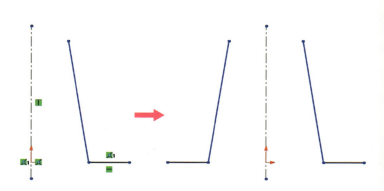

164　Chapter6　応用演習

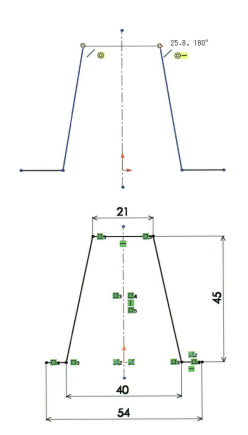

| 8 | 「直線」をクリック |

| 9 | 図のように端点と端点を結びます |

| 10 | 図のような寸法を入力します |

| 11 | 「押し出しボス/ベース」をクリック |

| 12 | 以上のように設定します |

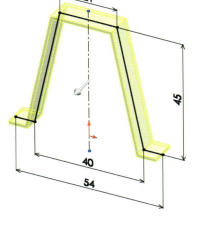
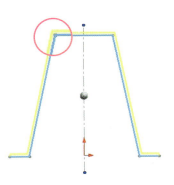

✅ 自動フィレットコーナーは、板の曲げ部に、丸みをつけるオプションです。設定値は、板の曲げの内側寸法です。

| 13 | OKをクリック |

🔑 スケッチの上側に厚みがつくように設定します。下に厚みがつくような場合は、薄板フィーチャーを「反対方向」に設定します。

| 14 | 薄板ができました |

薄板を作成する 165

2 板の厚みに押し出す　　　　押し出し：端サーフェス指定

1 図に示す面を選択して
スケッチに入ります

2 表示方向「平面」をクリック

3 図のようなスケッチを描きます

4 「押し出しボス/ベース」をクリック

5 反対方向を押して
端サーフェス指定に設定します

6 図に示す面を選択します

✓ 端サーフェス指定は、選択した面
まで押し出すオプションです。

7 OKをクリック

8 薄板の厚みに押し出すことが
できました

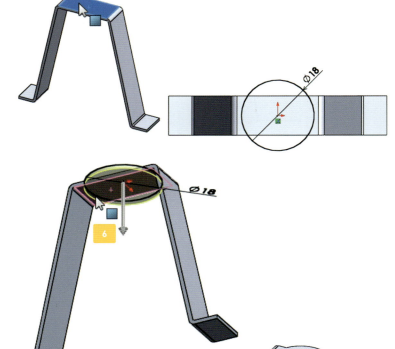

3 軸通し穴をあける　　　　押し出しカット：全貫通

1 図に示す面を選択して
スケッチに入ります

2 表示方向「平面」をクリック

3 図のようなスケッチを描きます

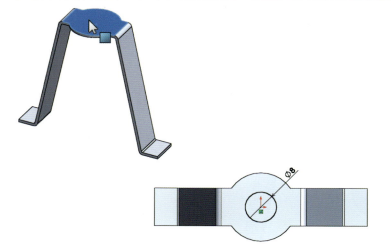

166　Chapter6　応用演習

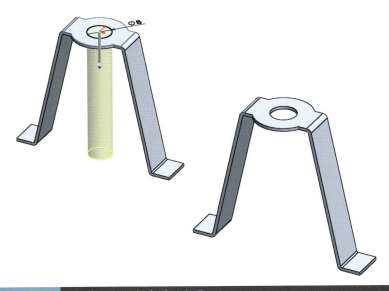

4 「押し出しカット」をクリック

方向1
全貫通
□ 反対側をカット(F)
□ 外側に抜き勾配指定(O)

5 以上のように設定します
6 OKをクリック
7 軸通し穴をあけることができました

4　固定用の穴をあける

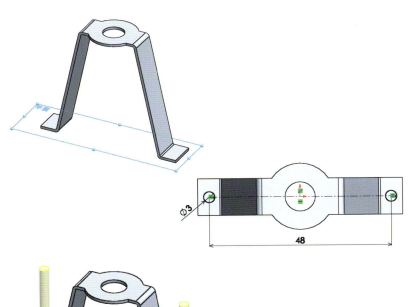

1 ツリーの「平面」を選択してスケッチに入ります

2 図のようなスケッチを描きます

🔑 スケッチの描き方は、P162を参照ください。

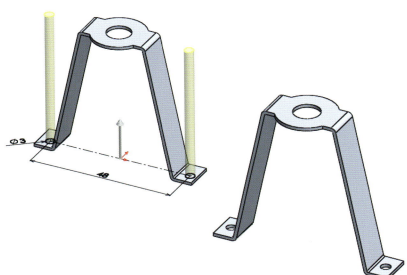

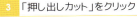

3 「押し出しカット」をクリック

方向1
全貫通
□ 反対側をカット(F)
□ 外側に抜き勾配指定(O)

4 以上のように設定します

5 OKをクリックすると穴があきます

薄板を作成する　167

6 「フィレット」をクリック

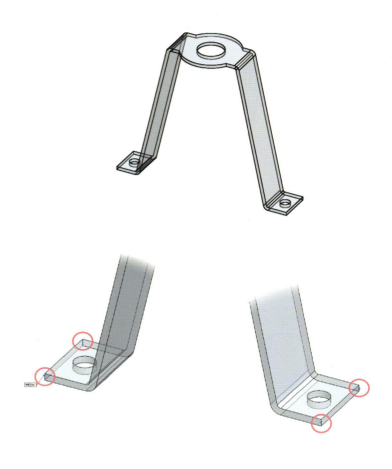

7 図に示す4本のエッジを選択します

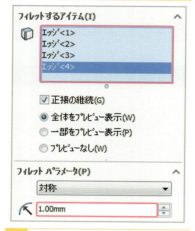

8 以上のように設定します

9 OKをクリック

10 角に丸みがつきます

11 ブラケットが完成しました

12 <ミル刃組立フォルダ>の中に「ブラケット」という名前で保存します

Chapter 6　応用演習

7 平面を作成する

上刃

1 基本軸を作成する

押し出し：ブラインド

| 1 | 新しく部品ドキュメントを開きます |

| 2 | ツリーの「平面」を選択してスケッチに入ります |

| 3 | 図のようなスケッチを描きます |

| 4 | 「押し出しボス/ベース」をクリック |

5	以上のように設定します
6	OKをクリック
7	基本軸ができました

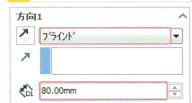

2 軸を細く加工する

押し出しカット：反対側をカット

| 1 | 図に示す面を選択してスケッチに入ります |

| 2 | 表示方向「平面」をクリック |

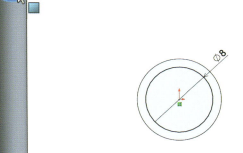

| 3 | 図のようなスケッチを描きます |

平面を作成する　169

| 4 | 「押し出しカット」をクリック |

5	以上のように設定します
6	OKをクリック
7	軸の一部が細くなりました

3　回り止めを加工する　　　スケッチ：エンティティのトリム

| 1 | 図に示す面を選択してスケッチに入ります |

2	表示方向「平面」をクリック
3	図のようなスケッチを描きます
4	Ctrlキーを押しながら図に示す2本の直線を選択します

5	「等しい値」の拘束をつけます
6	選択した2本の直線の長さが等しくなります
7	Escキーで選択解除します
8	図に示す寸法を入力します

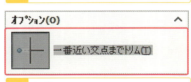

| 9 | <スケッチタブ>「エンティティのトリム」をクリック |

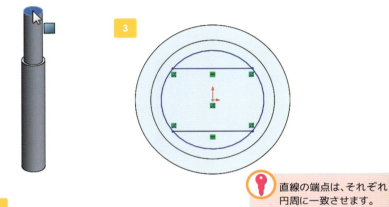

直線の端点は、それぞれ円周に一致させます。

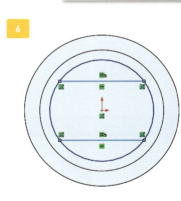

| 10 | オプションの「一番近い交点までトリム」をクリック |
| 11 | 図に示す部分を切り取ります |

✓ ハイライトした部分でクリックすると削除されます。

| 12 | Escキーでトリムを解除します |

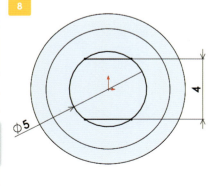

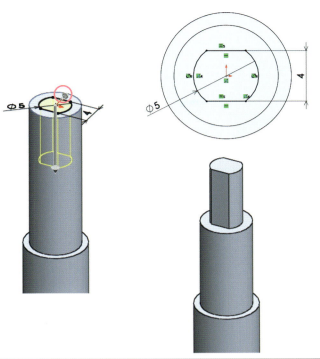

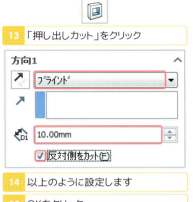

13	「押し出しカット」をクリック
14	以上のように設定します
15	OKをクリック
16	回り止めの加工ができました

4　上刃を追加する　　　　押し出し：抜き勾配オン／オフ

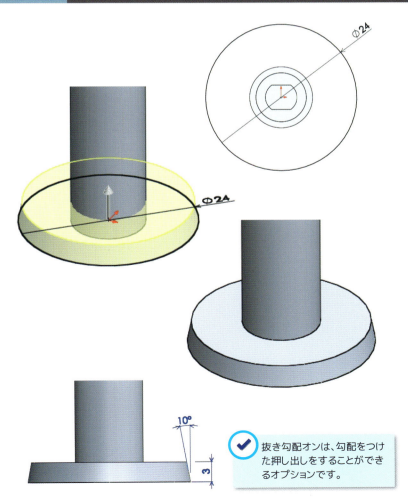

1	ツリーの「平面」を選択してスケッチに入ります
2	図のようなスケッチを描きます
3	「押し出しボス/ベース」をクリック
4	抜き勾配オン/オフをクリック
5	抜き勾配角度「10」と入力します
6	以上のように設定します
7	OKをクリック

 抜き勾配オンは、勾配をつけた押し出しをすることができるオプションです。

| 8 | 上刃が追加できました |

平面を作成する　171

5 新しく平面を作成する　　　平面：オフセット距離

スケッチを描く平面は、基本3面以外にも新しく作成することができます。
作成する形状に応じて、適した平面を作成することがポイントになります。

1 ツリーの「平面」を選択します

2 <フィーチャータブ>
「参照ジオメトリ」をクリック

3 「平面」をクリック

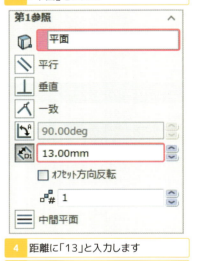

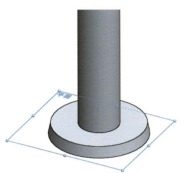

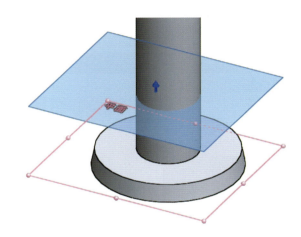

4 距離に「13」と入力します

5 OKをクリック

6 新しく平面を作成することが
できました

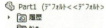

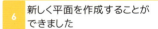
新しく作成した「平面」は、ツリーに
フィーチャーとして追加されます。

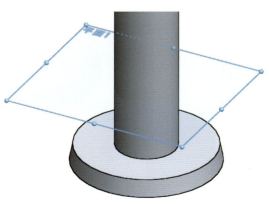

平面の作成パターン

3つの点を選択

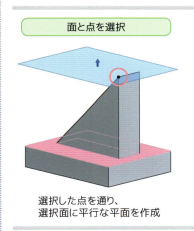
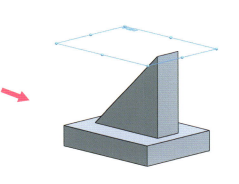

正面から見た図

選択した3点を含む
平面を作成

面と点を選択

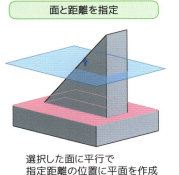
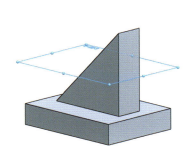

選択した点を通り、
選択面に平行な平面を作成

面と距離を指定

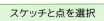
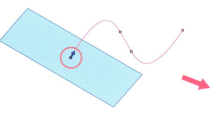
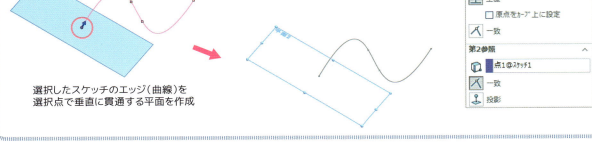

選択した面に平行で
指定距離の位置に平面を作成

スケッチと点を選択

選択したスケッチのエッジ（曲線）を
選択点で垂直に貫通する平面を作成

平面を作成する　173

6 輪郭と輪郭をつないだ形状を作る　　　　ロフト

ロフトは輪郭と輪郭をつないで得られる形状を作成するフィーチャーです。

1　新しく作成した「平面1」を選択してスケッチに入ります

2　表示方向「平面」をクリック

3　図のようなスケッチを描きます
4　スケッチを終了します
5　Escキーで選択解除します

6　「等角投影」をクリック

7　<フィーチャータブ>「ロフト」をクリック

8　図に示すようにスケッチした正方形とモデルのエッジを順番に選択します

9　形状がプレビューされます

10　図のようにポインタをドラッグして任意の位置まで移動するとねじれた形状になります

✓ ここでは適当な位置で構いません。

11　OKをクリック

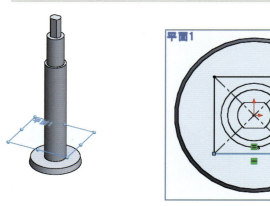

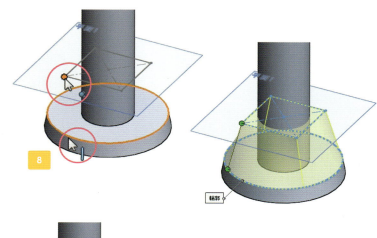

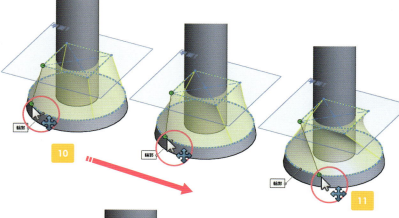

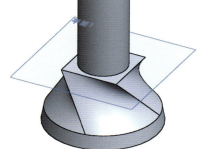

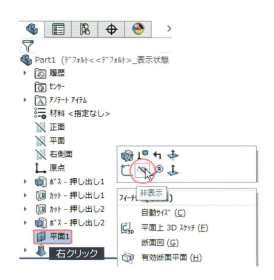

12 ツリーの「平面1」を右クリックします

13 <コンテキストツールバー>「非表示」をクリック

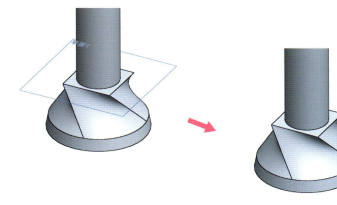

14 作成した「平面1」が非表示になりました

15 上刃が完成しました

16 <ミル刃組立フォルダ>の中に「上刃」という名前で保存します

平面を作成する 175

Chapter 6 応用演習

8 面に勾配をつける

下刃

1 基礎となる形状を作る　　　押し出し：ブラインド

1. 新しく部品ドキュメントを開きます

2. ツリーの「平面」を選択してスケッチに入ります
3. 図のようなスケッチを描きます

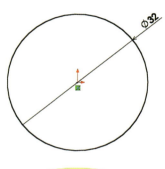

4. 「押し出しボス/ベース」をクリック

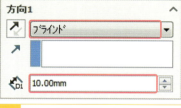

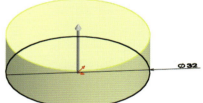

5. 以上のように設定します
6. OKをクリック

7. 基礎となる形状ができました

2 段をつける　　　押し出しカット：ブラインド・反対側をカット

1. 図に示す面を選択してスケッチに入ります

2. 表示方向「平面」をクリック

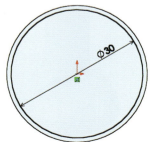

3. 図のようなスケッチを描きます

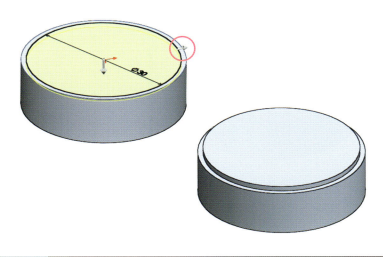

| 4 | 「押し出しカット」をクリック |

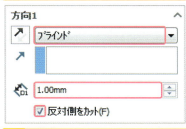

5	以上のように設定します
6	OKをクリック
7	余分な部分が削除されました

3　回り止めを作る　　　押し出し：端サーフェス指定

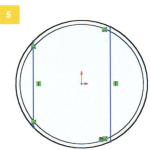
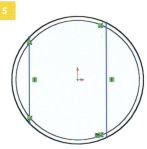
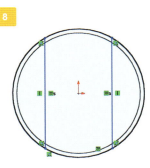

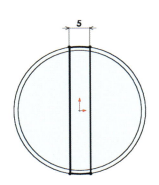

1	図に示す面を選択して スケッチに入ります
2	表示方向「選択アイテムに垂直」をクリック
3	図に示すモデルのエッジを選択します

| 4 | 「エンティティ変換」をクリック |
| 5 | 図のようなスケッチを描きます |

🔑 「エンティティ変換」についての説明はP189を参照ください。

| 6 | Ctrlキーを押しながら図に示す2本の直線を選択します |

7	「等しい値」の拘束をつけます
8	選択した2本の直線の長さが等しくなります
9	Escキーで選択解除します
10	図に示す寸法を入力します

| 11 | エンティティのトリムをクリック |

✓ オプションの「一番近い交点までトリム」を使うと便利です。

| 12 | 図に示す部分を切り取ります |
| 13 | Escキーでトリムを解除します |

面に勾配をつける　177

14 「押し出しボス/ベース」をクリック

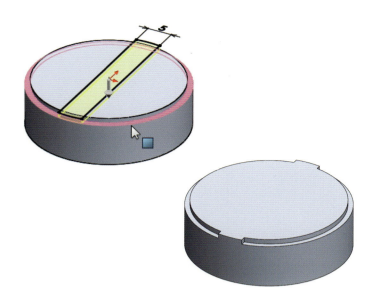

15 以上のように設定します

16 OKをクリック

17 形状が追加されました

4 穴をあける　　　　　　　　　　　　　　　押し出しカット：全貫通

1 図に示す面を選択してスケッチに入ります

2 表示方向「選択アイテムに垂直」をクリック

3 図のようなスケッチを描きます

4 「押し出しカット」をクリック

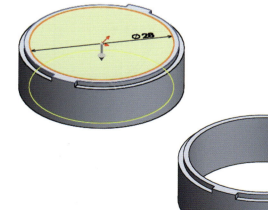

5 以上のように設定します

6 OKをクリック

7 穴があきました

178　Chapter6　応用演習

5　面に勾配をつける　　　　　　　　　　　　　　　　抜き勾配

| 1 | <フィーチャータブ>「抜き勾配」をクリック |
| 2 | 「マニュアル」をクリック |

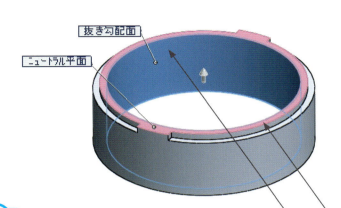

✓ ニュートラル平面（基準となる平面）と勾配指定面（傾斜をつけたい面）を選択します。

3	以上のように設定します
4	OKをクリック
5	面に勾配がつきました

✓ 断面表示にすることで、面に勾配がついていることを確認できます（断面表示P47参照）。

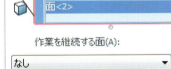

| 6 | 下刃が完成しました |

| 7 | <ミル刃組立フォルダ>の中に「下刃」という名前で保存します |

Chapter 6 応用演習

9 合致の復習

ミル刃組立

1 ミル刃カバーを配置する　　　ベース部品挿入

1. 新規にアセンブリドキュメントを開きます

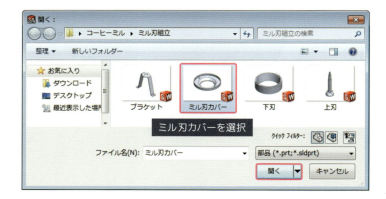

2. 参照をクリック
3. 「ミル刃カバー」を選択して開きます

4. ポインタをグラフィックス領域内に移動すると、「ミル刃カバー」が現れます

✓ 原点を表示するには、
＜ヘッズアップビューツールバー＞
「アイテムを表示/非表示」の
「原点」をオンにします。

5. ポインタをアセンブリの原点に合わせてクリック

6. アセンブリ空間上にミル刃カバーが配置されました

✓ クリックで配置せずにOKボタンを押すと、「部品の原点」と「アセンブリの原点」が一致するように自動的に配置されます。

2 下刃を配置する　　　アセンブリ正面と部品正面の一致

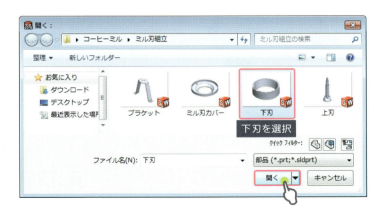

| 1 | 「既存の部品/アセンブリ」をクリック |

| 2 | 参照をクリック |
| 3 | 「下刃」を選択して開きます |

| 4 | グラフィックス領域内に「下刃」を挿入します |

| 5 | 「合致」をクリック |

| 6 | 図に示す面と面に「同心円」合致をつけます |

| 7 | OKをクリック |

合致の復習　181

8 図の面と面を選択して
「一致」合致をつけます

9 OKをクリック

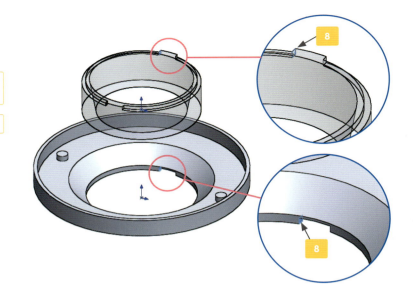

10 図の面と面を選択して
「一致」合致をつけます

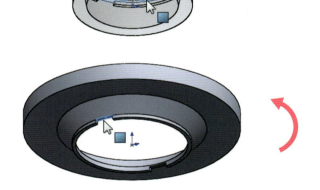

11 OKを2回クリック

12 下刃が配置されました

3 ブラケットを配置する　　　エッジとエッジの一致合致

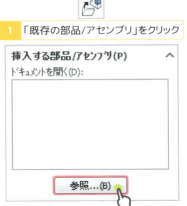

1. 「既存の部品/アセンブリ」をクリック

2. 参照をクリック

3. 「ブラケット」を選択して開きます

4. グラフィックス領域内に「ブラケット」を挿入します

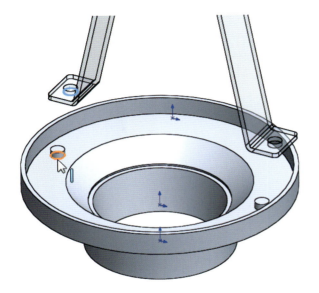

5. 「合致」をクリック

6. 図に示すエッジとエッジに「一致」合致をつけます

7. OKをクリック

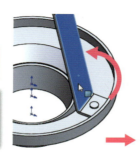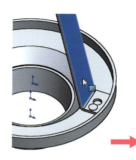

| 8 | ブラケットをドラッグして横へずらします |

✓ ミル刃カバーにある突起下のエッジが選択できるように、ブラケットを移動します。

9	図に示す面と面に「同心円」合致をつけます
10	OKを2回クリック
11	ブラケットが配置されました

4　上刃を配置する

| 1 | 「既存の部品/アセンブリ」をクリック |

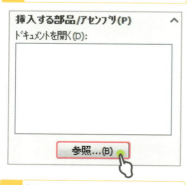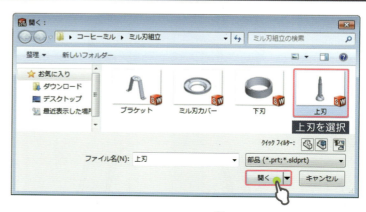

2	参照をクリック
3	「上刃」を選択して開きます
4	グラフィックス領域内に「上刃」を挿入します

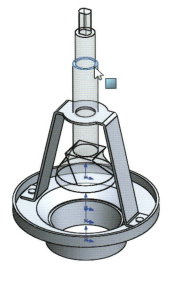
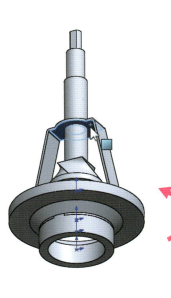

5 「合致」をクリック

6 図に示す面と面に「同心円」合致をつけます
7 OKをクリック

8 図に示す面と面に「一致」合致をつけます
9 OKを2回クリック

10 上刃が配置されました

11 「等角投影」をクリック

12 <ミル刃組立フォルダ>の中に「ミル刃組立」という名前で保存します

合致の復習 185

サブアセンブリ　その３

サブアセンブリ名
「ハンドル組立」

組立手順
1．レバーを配置する
2．グリップを配置する
3．ピンを配置する
4．分解図を作成する
5．分解ラインスケッチを作成する
6．分解図を解除する

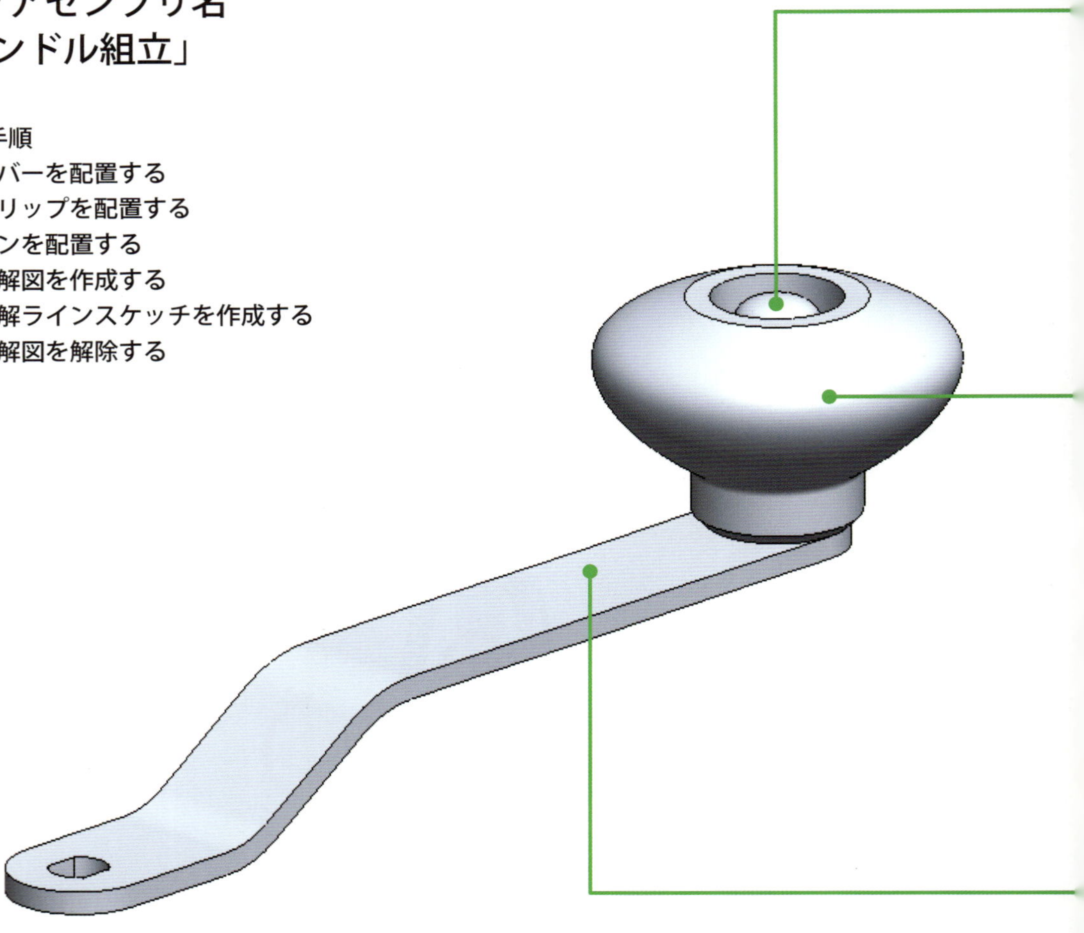

部品名
「ピン」

作業手順
1. 基本軸を作る
2. 座を作る
3. 頭を作る
4. 丸みをつける

部品名
「グリップ」

作業手順
1. 基礎となる形状を作る
2. 輪郭と輪郭をつないだ形状を作る
3. 通し穴をあける
4. 角を丸める
5. 角をとる

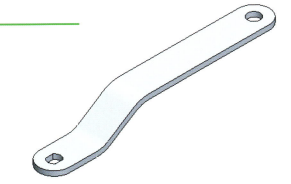

部品名
「レバー」

作業手順
1. スケッチの軌跡で形状を作る
2. 回り止めの穴をあける
3. 通し穴をあける
4. 角を丸める

Chapter 6 応用演習

10 ボタン形状を作る

 ピン

1 基本軸を作る　　　　　　　　　　　　　　　押し出し：ブラインド

1 新しく部品ドキュメントを開きます

2 ツリーの「平面」を選択してスケッチに入ります

3 図のようなスケッチを描きます

4 「押し出しボス/ベース」をクリック

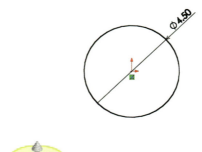

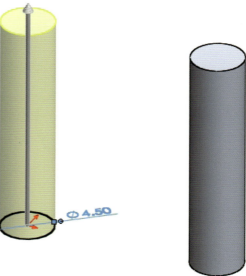

5 以上のように設定します

6 OKをクリック

7 基本軸ができました

2 座を作る　　　　　　　　　　　　　　　　押し出し：ブラインド

1 ツリーの「平面」を選択してスケッチに入ります

2 図のようなスケッチを描きます

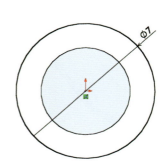

3	「押し出しボス/ベース」をクリック
4	以上のように設定します
5	OKをクリック
6	座がつきました

3　頭を作る　　　　　　　　　エンティティ変換

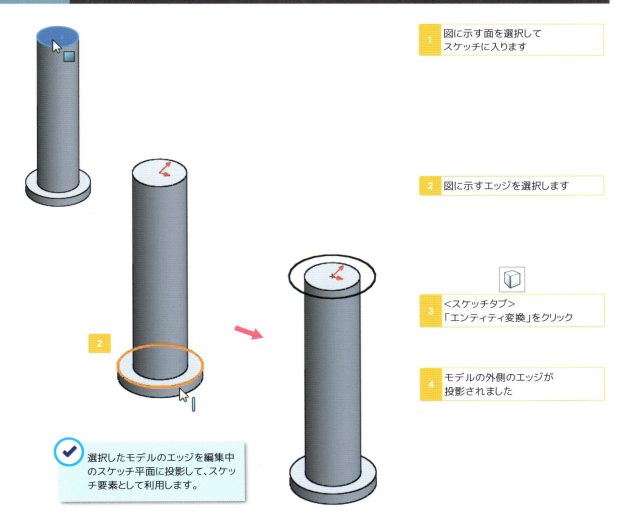

1	図に示す面を選択して スケッチに入ります
2	図に示すエッジを選択します
3	<スケッチタブ>「エンティティ変換」をクリック
4	モデルの外側のエッジが投影されました

✓ 選択したモデルのエッジを編集中のスケッチ平面に投影して、スケッチ要素として利用します。

ボタン形状を作る　189

| 5 | 「押し出しボス/ベース」をクリック |

方向1
- ブラインド
- 1.00mm
- ☑ マージする(M)

6	以上のように設定します
7	OKをクリック
8	頭がつきました

4　丸みをつける　　　　　　　　　　　ドーム

| 1 | 図に示す面を選択します |
| 2 | <メニューバー>の「挿入」から「フィーチャー」▶「ドーム」をクリック |

ドーム

パラメータ
- 面<1>
- 2.00mm
- ☑ 楕円形ドーム(E)
- ☑ プレビュー表示(S)

| 3 | 以上のように設定します |
| 4 | OKをクリック |

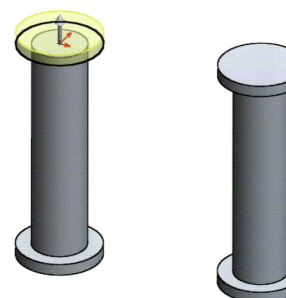
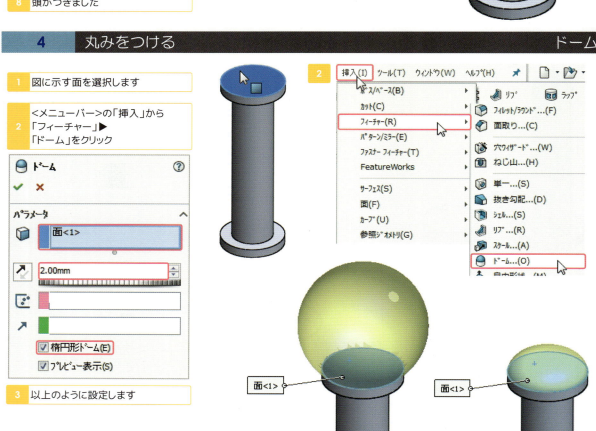

190　Chapter6　応用演習

5 丸みをつけることができました

6 ピンが完成しました

7 <ハンドル組立フォルダ>の中に「ピン」という名前で保存します

ドームの設定

円形の面の場合

楕円形ドーム
チェックなし

楕円形ドーム
チェックあり

断面図

反対方向ボタンをオン

多角形の面の場合

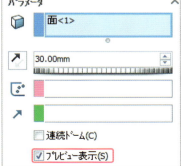

連続ドーム
チェックなし

連続ドーム
チェックあり

ボタン形状を作る 191

Chapter 6 応用演習

11 輪郭と輪郭をつないだ形状を作る

グリップ

1 基礎となる形状を作る　　　押し出し：ブラインド

1 新しく部品ドキュメントを開きます

2 ツリーの「平面」を選択してスケッチに入ります

3 図のようなスケッチを描きます

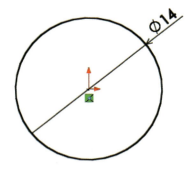

4 「押し出しボス/ベース」をクリック

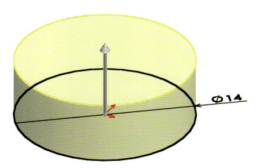

5 以上のように設定します

6 OKをクリック

7 基礎となる形状ができました

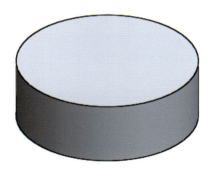

2 輪郭と輪郭をつないだ形状を作る　　ロフト

ロフトで形状を作るには、モデルのエッジやスケッチなど複数の輪郭を選択することが必要です。

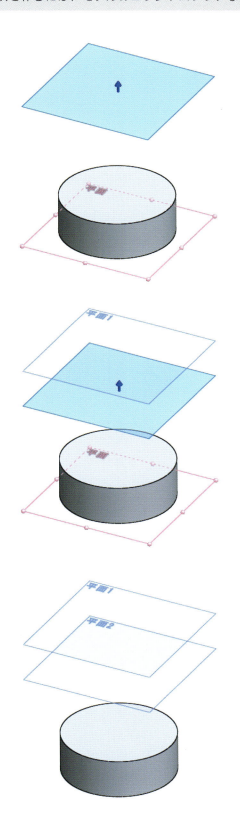

1. ツリーの「平面」を選択します
2. <フィーチャータブ>「参照ジオメトリ」から「平面」をクリック
3. 以上のように設定します
4. OKをクリック
5. 新しく「平面1」を作成することができました
6. ツリーの「平面」を選択します
7. 「参照ジオメトリ」から「平面」をクリック
8. 以上のように設定します
9. OKをクリック
10. 新しく「平面2」を作成することができました

11	「平面1」を選択してスケッチに入ります
12	図のようなスケッチを描きます
13	スケッチを終了します

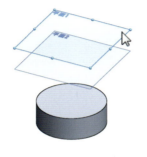
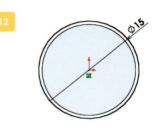

14	「平面2」を選択してスケッチに入ります
15	図のようなスケッチを描きます
16	スケッチを終了します
17	「平面1」と「平面2」を非表示にします

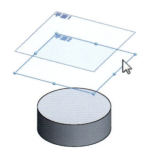
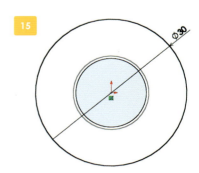

18	「ロフト」をクリック

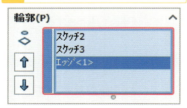

19	図に示す2つのスケッチとモデルのエッジを順番に選択します

✓ 順番に選択します。

20	形状がプレビューされます

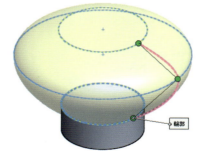

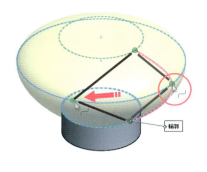

21 図に示すようにポイントをドラッグして移動させます

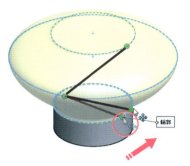

22 図に示すようにポイントをドラッグして移動させます

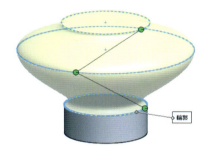

23 形状がねじれます

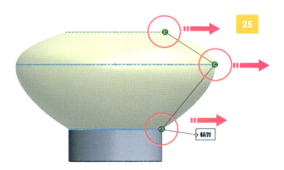

24 表示方向「正面」をクリック

25 すべてのポイントを右端に移動すると

26 形状のねじれがなくなります

27 OKをクリック

28 輪郭と輪郭をつないだ形状ができました

✓ ロフトの形状は、ガイドカーブを設定してねじれや膨らみのコントロールをすることもできます。

輪郭と輪郭をつないだ形状を作る　195

3 通し穴をあける　　　押し出し：全貫通

1 図に示す面を選択してスケッチに入ります

2 表示方向「平面」をクリック

3 図のようなスケッチを描きます

4 「押し出しカット」をクリック

5 以上のように設定します

6 OKをクリックすると通し穴が開きます

7 図に示す面を選択してスケッチに入ります

8 表示方向「平面」をクリック

9 図のようなスケッチを描きます

10 「押し出しカット」をクリック

11 以上のように設定します

12 OKをクリック

13 座ぐりがつきました

4　角を丸める　　　　　　　　　　　　　　　　　　　　　　　フィレット

1. 「フィレット」をクリック
2. 図に示すエッジを選択します

フィレットするアイテム(I)
　エッジ<1>

フィレット パラメータ(P)
　対称
　1.00mm

3. 以上のように設定します
4. OKをクリック
5. 角に丸みがつきました

5　角をとる　　　　　　　　　　　　　　　　　　　　　　　　面取り

1. 「面取り」をクリック
2. 図に示すエッジを選択します

面取りパラメータ(C)
　エッジ<1>

　○ 角度 距離(A)
　○ 距離 距離(D)
　○ 頂点(V)
　□ 方向反転(F)
　1.00mm
　45.00deg

3. 以上のように設定します
4. OKをクリック
5. 面取りされました
6. グリップが完成しました
7. <ハンドル組立フォルダ>の中に「グリップ」という名前で保存します

輪郭と輪郭をつないだ形状を作る　197

Chapter 6 応用演習

12 スケッチの軌跡で形状を作る

レバー

1 スケッチの軌跡で形状を作る　　　　　　　　　　スイープ

スイープで形状を作るには、「パス（軌道）」と「輪郭」が必要です。
スイープは輪郭がパスに沿って通過したときに描かれる軌跡が形状になります。

1 新しく部品ドキュメントを開きます

2 ツリーの「右側面」を選択してスケッチに入ります

3 図のようなスケッチを描きます

4 <スケッチタブ>
「スケッチフィレット」をクリック

5 以上のように設定します

6 図に示す点をクリック

7 OKをクリック

8 スケッチを終了します

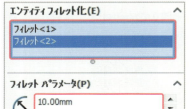

9 ツリーの「正面」を選択してスケッチに入ります

10 図のようなスケッチを描きます

スケッチの描き方は
P149を参照ください。

11 スケッチを終了します

12 Escキーで選択を解除します

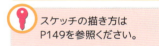
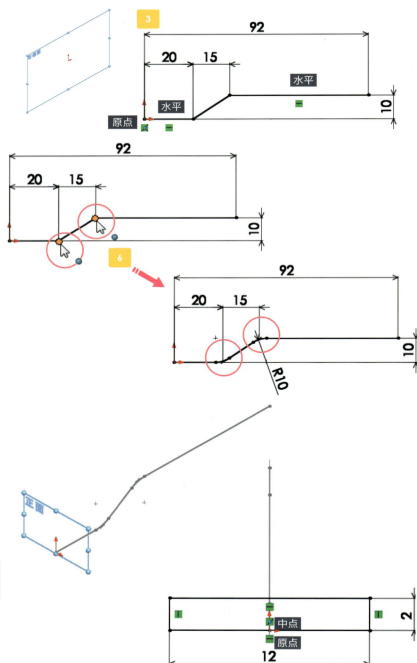

198　Chapter6　応用演習

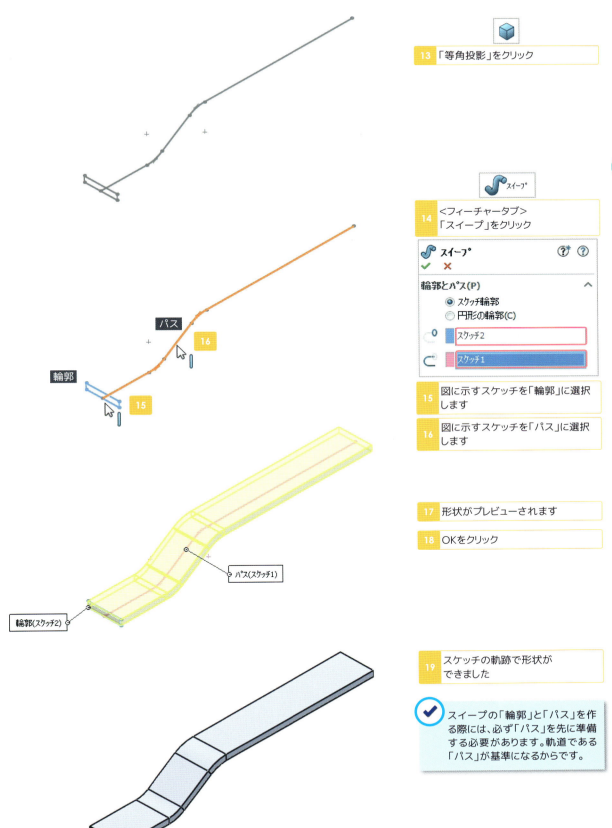

2 回り止めの穴をあける　　押し出しカット：全貫通

1 ツリーの「平面」を選択して
スケッチに入ります

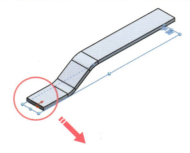

2 図のようなスケッチを描きます

🔑 スケッチの描き方は
P170を参照ください。

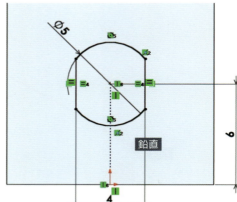

3 「押し出しカット」をクリック

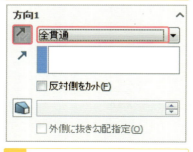

4 以上のように設定します

5 OKをクリック

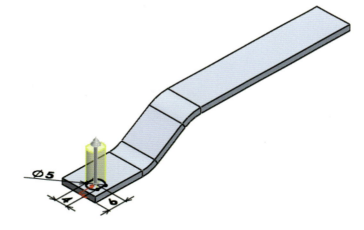

6 回り止めの穴をあけることが
できました

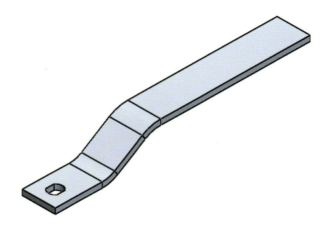

200　Chapter6　応用演習

3 通し穴をあける　　　　　　押し出しカット：全貫通

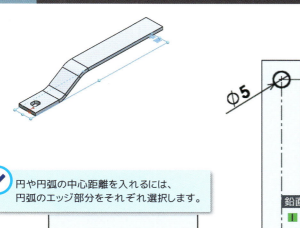

✓ 円や円弧の中心距離を入れるには、円弧のエッジ部分をそれぞれ選択します。

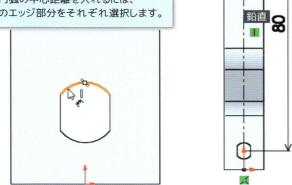

| 1 | ツリーの「平面」を選択してスケッチに入ります |

| 2 | 図のようなスケッチを描きます |

| 3 | 「押し出しカット」をクリック |

| 4 | 以上のように設定します |

| 5 | OKをクリック |

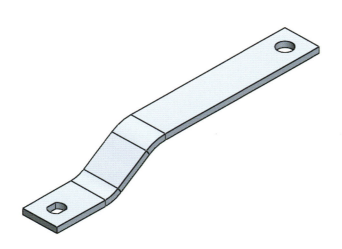

| 6 | 通し穴があきました |

4 　角を丸める　　　　　　　　　フィレット：フルラウンドフィレット

1 「フィレット」をクリック

2 フィレットタイプを「フルラウンドフィレット」に設定します

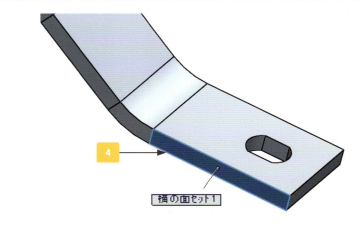

3 フィレットするアイテムの「横の面セット1」をクリック

4 図に示す面を選択します

5 フィレットするアイテムの「中央の面セット」をクリック

6 図に示す面を選択します

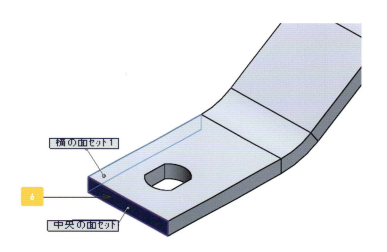

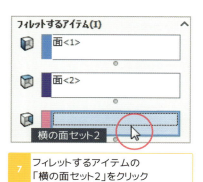

7 フィレットするアイテムの「横の面セット2」をクリック

8 図に示す面を選択します

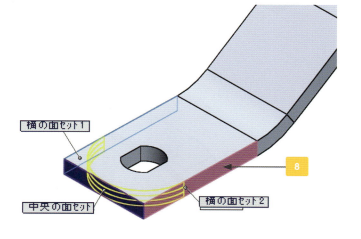

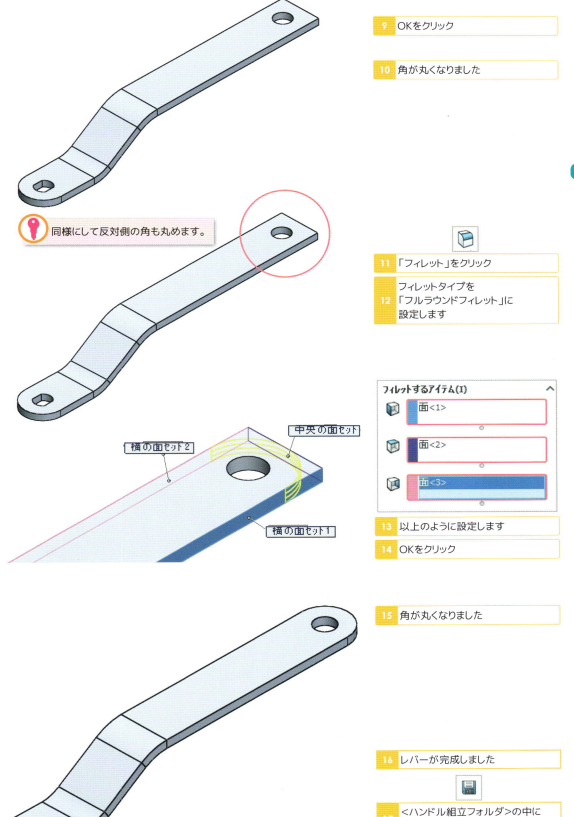

9 OKをクリック

10 角が丸くなりました

同様にして反対側の角も丸めます。

11 「フィレット」をクリック

12 フィレットタイプを「フルラウンドフィレット」に設定します

13 以上のように設定します

14 OKをクリック

15 角が丸くなりました

16 レバーが完成しました

17 <ハンドル組立フォルダ>の中に「レバー」という名前で保存します

スケッチの軌跡で形状を作る 203

Chapter 6 応用演習

13 アセンブリの分解図

ハンドル組立

1　レバーを配置する　　　　　　　　　　　ベース部品挿入

| 1 | 新規にアセンブリドキュメントを開きます |

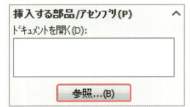

2	参照をクリック
3	「レバー」を選択して開きます
4	ポインタをグラフィックス領域内に移動すると、「レバー」が現れます

✓ 原点を表示するには、
＜ヘッズアップビューツールバー＞
「アイテムを表示/非表示」の
「原点」をオンにします。

| 5 | ポインタをアセンブリの原点に合わせてクリックすると |
| 6 | アセンブリ空間上にレバーが配置されました |

✓ クリックで配置せずにOKボタンを押すと、「部品の原点」と「アセンブリの原点」が一致するように自動的に配置されます。

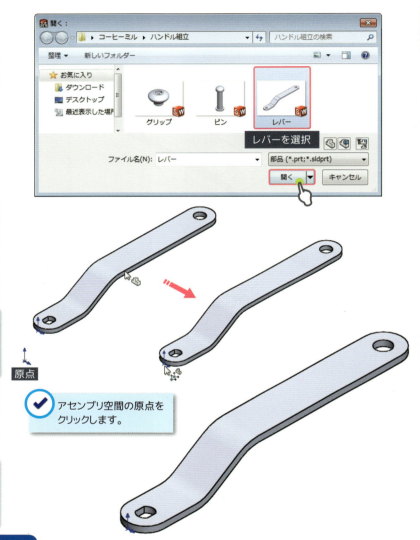

原点

✓ アセンブリ空間の原点をクリックします。

正接エッジの表示方法

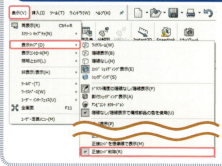

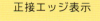

正接エッジ表示　　　　　　正接エッジ削除

204　Chapter6　応用演習

2 グリップを配置する

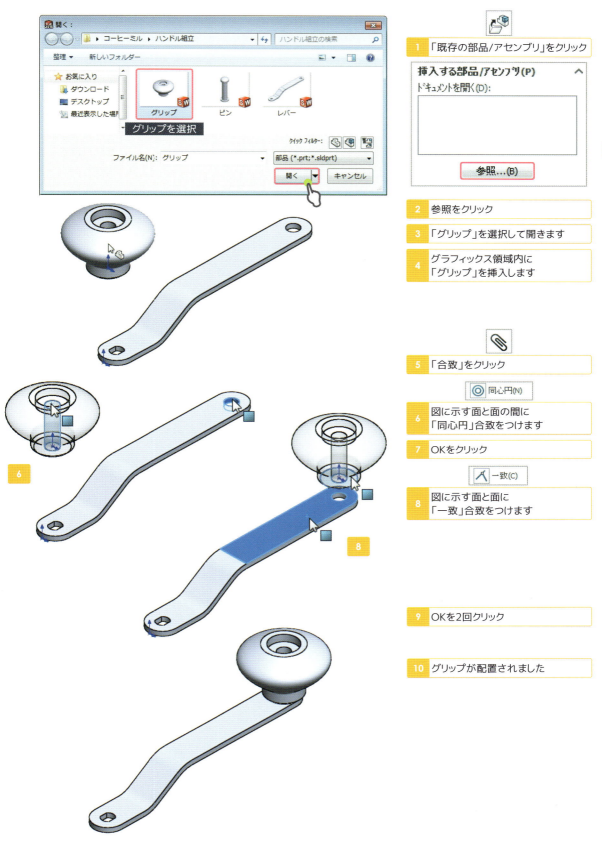

3　ピンを配置する

1　「既存の部品/アセンブリ」をクリック

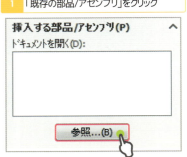

2　参照をクリック

3　「ピン」を選択して開きます

4　グラフィックス領域内に「ピン」を挿入します

5　「合致」をクリック

6　図に示す面と面の間に「同心円」合致をつけます

7　OKをクリック

8　図に示す面と面に「一致」合致をつけます

9　OKを2回クリック

10　ピンが配置されました

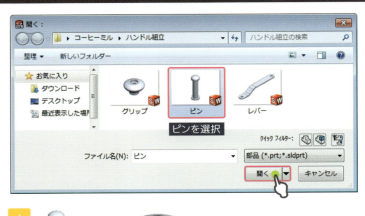

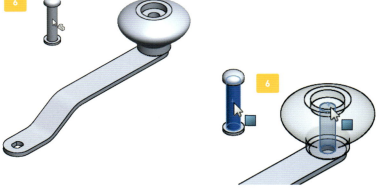

11　<ハンドル組立フォルダ>の中に「ハンドル組立」という名前で保存します

206　Chapter6　応用演習

4 分解図を作成する

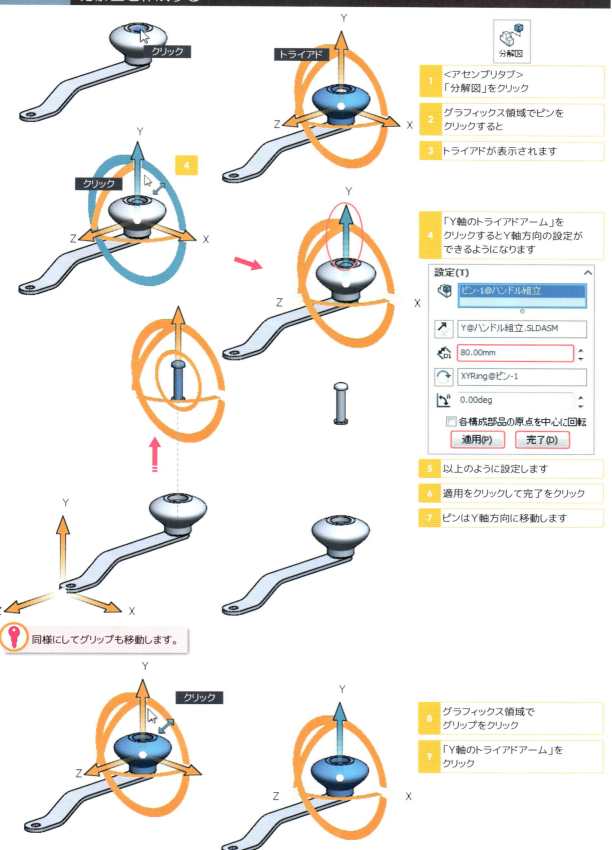

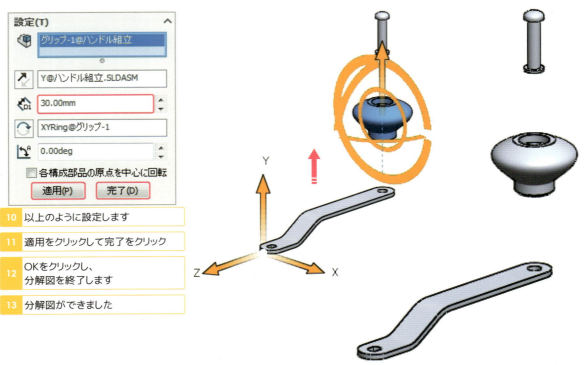

10	以上のように設定します
11	適用をクリックして完了をクリック
12	OKをクリックし、分解図を終了します
13	分解図ができました

5　分解ラインスケッチを作成する

| 1 | ＜アセンブリタブ＞「分解ラインスケッチ」をクリック |
| 2 | 図に示す面をクリック |

✓ 矢印が上向きにならない場合は、「反対方向」にチェックを入れます（それぞれの箇所で設定します）。

| 3 | 図に示す面をクリック |
| 4 | 図に示す面をクリック |

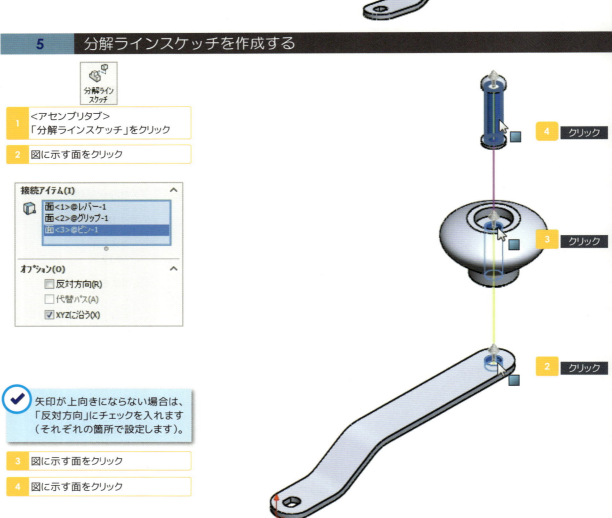

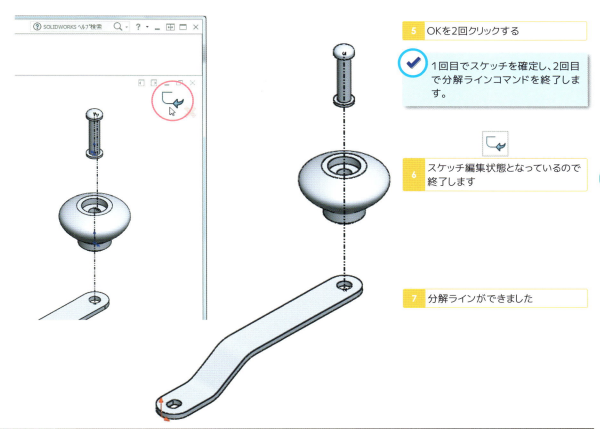

5 OKを2回クリックする

✓ 1回目でスケッチを確定し、2回目で分解ラインコマンドを終了します。

6 スケッチ編集状態となっているので終了します

7 分解ラインができました

6 分解図を解除する

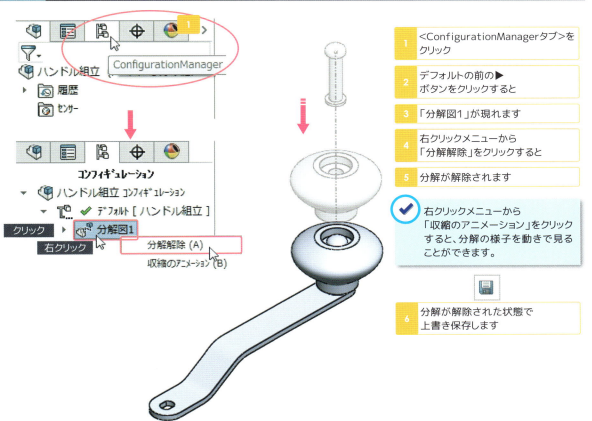

1 <ConfigurationManagerタブ>をクリック

2 デフォルトの前の▶ボタンをクリックすると

3 「分解図1」が現れます

4 右クリックメニューから「分解解除」をクリックすると

5 分解が解除されます

✓ 右クリックメニューから「収縮のアニメーション」をクリックすると、分解の様子を動きで見ることができます。

6 分解が解除された状態で上書き保存します

モデルの完成

アセンブリ名
「コーヒーミル」

組立手順
1. コンテナ組立を配置する
2. ミル刃組立を配置する
3. ホッパーを配置する
4. スペーサーを配置する
5. ハンドル組立を配置する
6. 軸固定ネジを配置する
7. モデルの動きを確認する

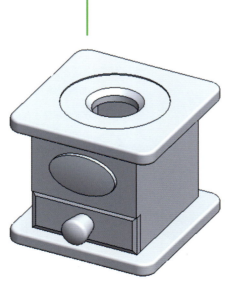

サブアセンブリ名
「コンテナ組立」

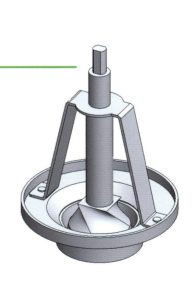

サブアセンブリ名
「ミル刃組立」

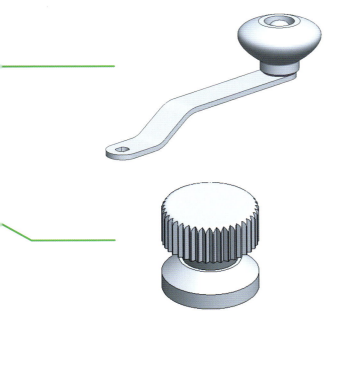

サブアセンブリ名
「ハンドル組立」

部品名
「軸固定ネジ」

作業手順
1. 基礎となる形状を作る
2. 溝を切る
3. 滑り止めを作る
4. 固定用の穴をあける
5. 角に丸みをつける

部品名
「スペーサー」

作業手順
1. 基礎となる形状を作る
2. 多角形の板を追加する
3. 回り止めの穴をあける
4. 余分な部分を削除する
5. 形状を複写する
6. 角に丸みをつける

部品名
「ホッパー」

作業手順
1. 基礎となる形状を作る
2. 曲面形状を作る
3. フランジ形状を作る
4. 角に丸みをつける
5. 薄板化する

モデルの完成 211

Chapter 6 応用演習

14 回転で曲面を作る

ホッパー

1 基礎となる形状を作る　　回転

1. 新しく部品ドキュメントを開きます

2. ツリーの「正面」を選択してスケッチに入ります

3. 図のようなスケッチを描きます

4. 「回転」をクリック

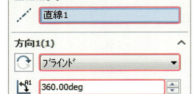

5. OKをクリックすると基礎となる形状ができました

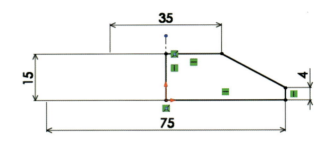

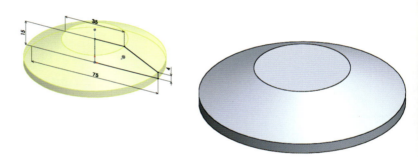

2 曲面形状を作る　　回転

1. ツリーの「正面」を選択してスケッチに入ります

2. 図のようなスケッチを描きます

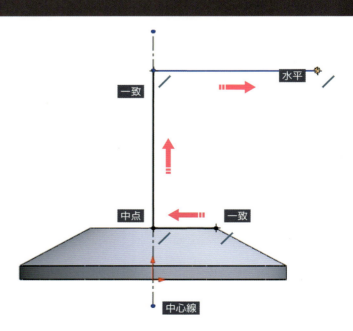

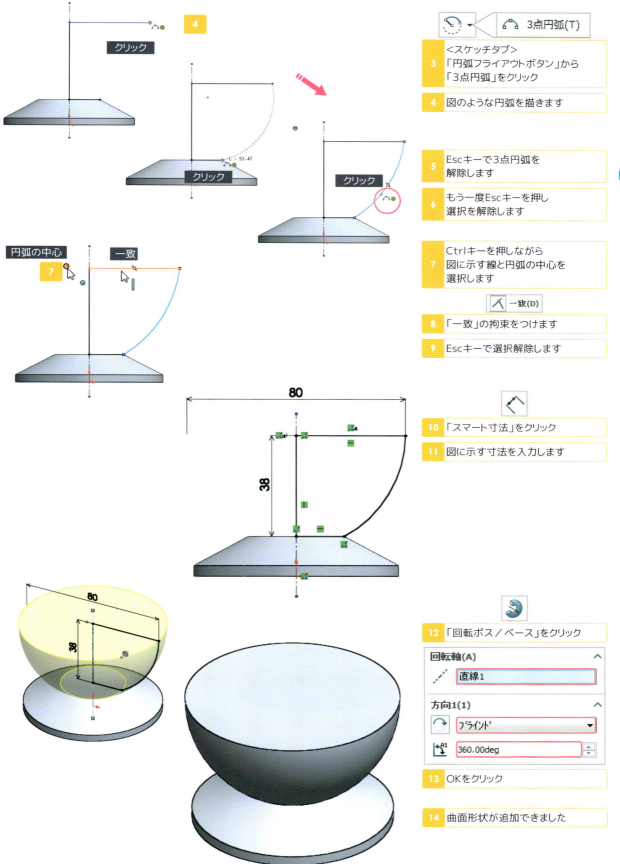

回転で曲面を作る 213

3 フランジ形状を作る　　　スケッチ：エンティティオフセット

| 1 | 図に示す面を選択してスケッチに入ります |
| 2 | 面を選択した状態で |

| 3 | ＜スケッチタブ＞
「エンティティオフセット」をクリック |

| 4 | 以上のように設定します |
| 5 | OKをクリック |

| 6 | 「押し出しボス/ベース」をクリック |

7	以上のように設定します
8	OKをクリック
9	フランジ形状を追加できました

押し出し方向

4 角に丸みをつける　　　フィレット

| 1 | 「フィレット」をクリック |
| 2 | 図に示すエッジを選択します |

3	以上のように設定します
4	OKをクリック
5	角に丸みがつきました

フィレットタイプは固定半径を使用します。

214　Chapter6　応用演習

5 薄板化する　　　　　　　　　　　　　　　　　　　　　　シェル

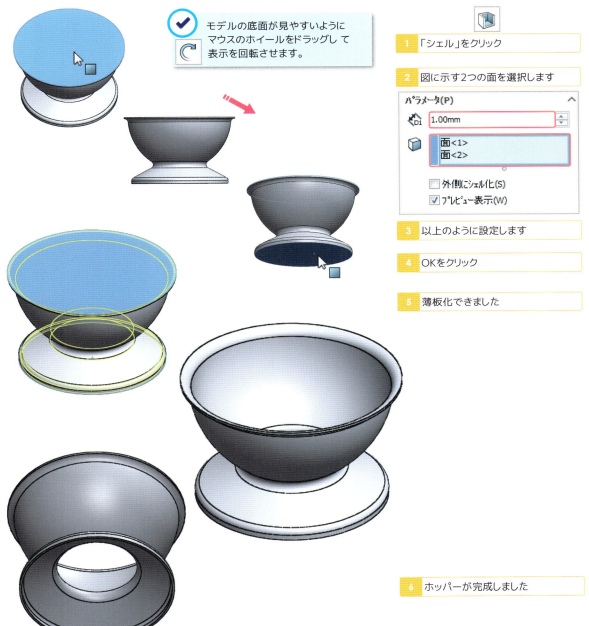

✓ モデルの底面が見やすいように マウスのホイールをドラッグして表示を回転させます。

1 「シェル」をクリック

2 図に示す2つの面を選択します

パラメータ(P)
D1 1.00mm
面<1>
面<2>
□ 外側にシェル化(S)
☑ プレビュー表示(W)

3 以上のように設定します

4 OKをクリック

5 薄板化できました

6 ホッパーが完成しました

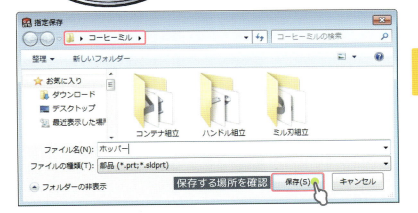

7 <コーヒーミルフォルダ>の中に「ホッパー」という名前で保存します

回転で曲面を作る　215

Chapter 6 応用演習

15 円周方向に形状を複写する

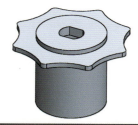
スペーサー

1 基礎となる形状を作る　　　押し出し：ブラインド

1 新しく部品ドキュメントを開きます

2 ツリーの「平面」を選択してスケッチに入ります

3 図のようなスケッチを描きます

φ14

4 「押し出しボス/ベース」をクリック

方向1
- ブラインド
- 16.00mm
- 外側に抜き勾配指定(O)

5 以上のように設定します

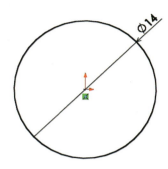

φ14

6 OKをクリックすると基礎となる形状ができました

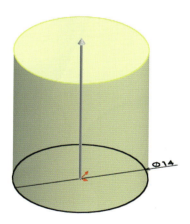

216　Chapter6　応用演習

2　多角形の板を追加する　　　　　　　　押し出し：オフセット

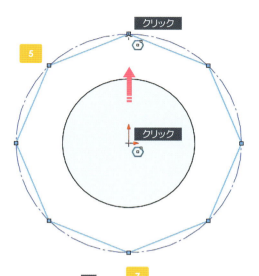

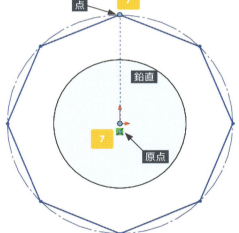

| 1 | 図に示す面を選択して
スケッチに入ります |

| 2 | 表示方向「平面」をクリック |

| 3 | <スケッチタブ>
「多角形」をクリック |

4	以上のように設定します
5	図のようなスケッチを描きます
6	Escキーで多角形を解除します
7	Ctrlキーを押しながら 原点と上の点を選択します

| 8 | 「鉛直」の拘束をつけます |

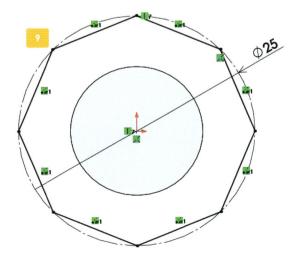

| 9 | 図のような寸法を入力します |

円周方向に形状を複写する　217

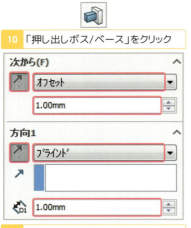

10 「押し出しボス/ベース」をクリック

次から(F)
オフセット
1.00mm

方向1
ブラインド
1.00mm

11 以上のように設定します

12 OKをクリック

✓ 押し出しの設定は2つあります。
「次から」ではフィーチャーの始点を決めることができます。
「方向」ではフィーチャーの終点を決めることができます。

13 多角形の板が追加できました

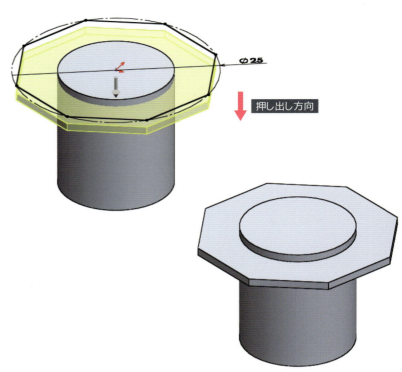

押し出しの設定「オフセット」について

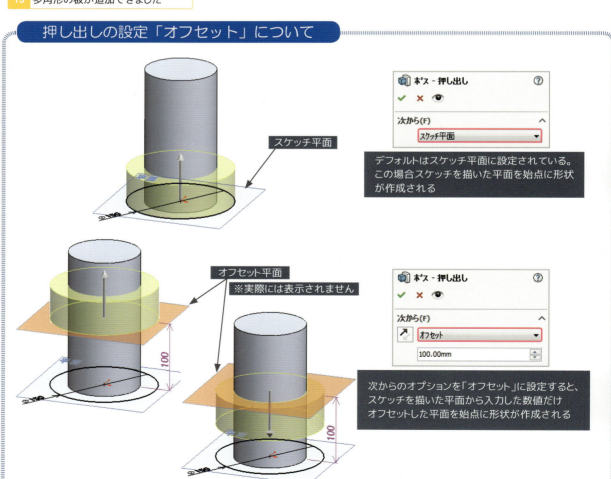

デフォルトはスケッチ平面に設定されている。この場合スケッチを描いた平面を始点に形状が作成される

次からのオプションを「オフセット」に設定すると、スケッチを描いた平面から入力した数値だけオフセットした平面を始点に形状が作成される

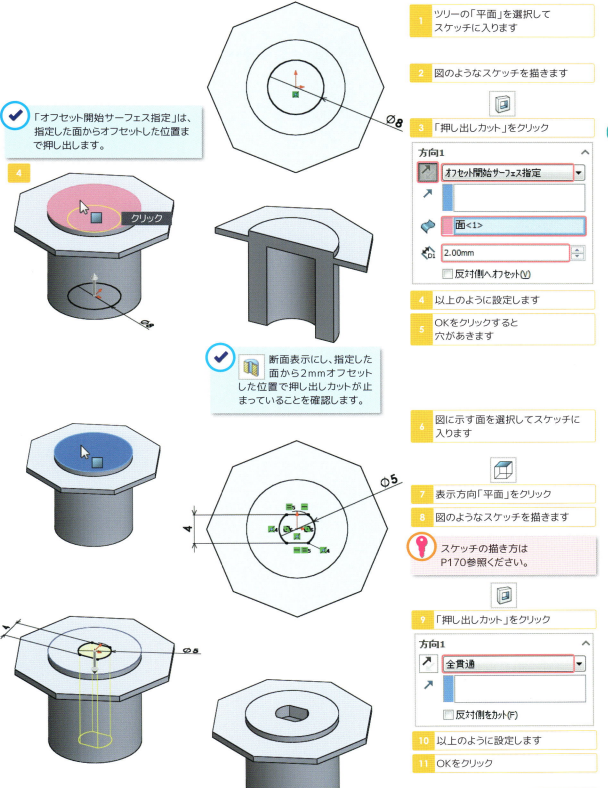

4 余分な部分を削除する　　押し出しカット：全貫通

1 図に示す面を選択してスケッチに入ります

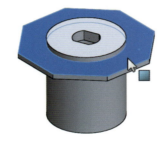

2 表示方向「平面」をクリック

3 「3点円弧」をクリック

4 図のようなスケッチを描きます

5 Escキーで3点円弧を解除します

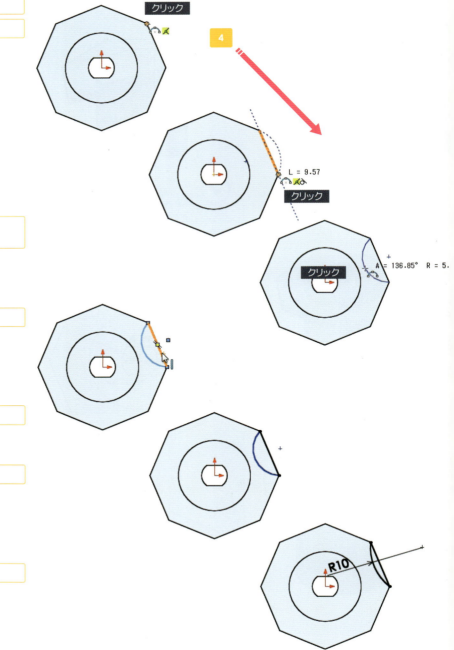

6 図に示すエッジを選択します

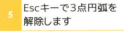

7 「エンティティ変換」をクリック

8 エッジが投影されました

9 図に示す寸法を入力します

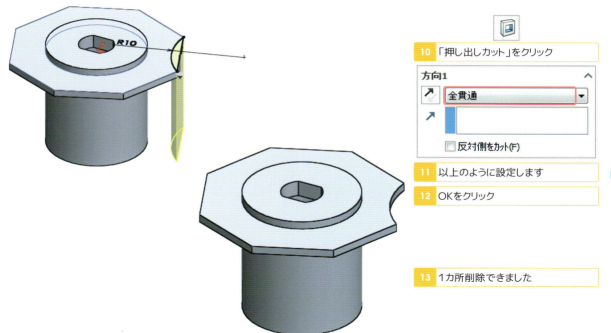

10 「押し出しカット」をクリック

方向1
全貫通
□ 反対側をカット(F)

11 以上のように設定します
12 OKをクリック
13 1カ所削除できました

5　形状を複写する　　　　　　　　　円形パターン

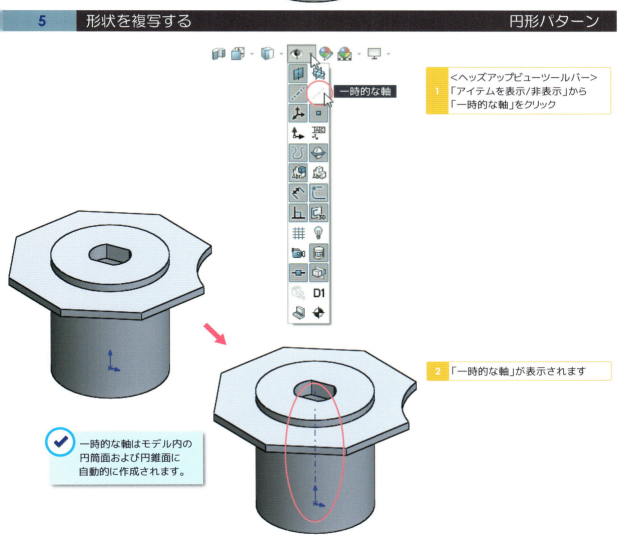

1 <ヘッズアップビューツールバー>
「アイテムを表示/非表示」から
「一時的な軸」をクリック

2 「一時的な軸」が表示されます

✔ 一時的な軸はモデル内の円筒面および円錐面に自動的に作成されます。

円周方向に形状を複写する　221

3 Escキーで選択を解除します

4 ＜フィーチャータブ＞
「パターンフライアウトボタン」から
「円形パターン」をクリック

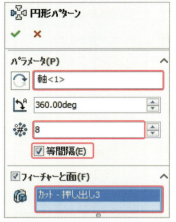

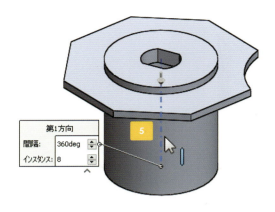

5 パターン軸に
「一時的な軸」を選択します

6 インスタンス数に
「8」と入力します

✔ インスタンス数とは、複写する
フィーチャーの個数のことです。
複写元となるフィーチャーも含
めた数を入力します。

7 等間隔にチェックを入れます

8 パターン化するフィーチャーに図に
示す面を選択します

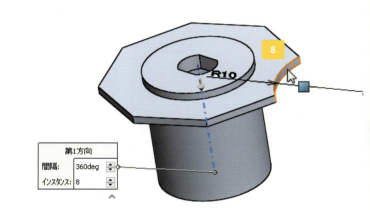

9 形状がプレビューされます

10 OKをクリック

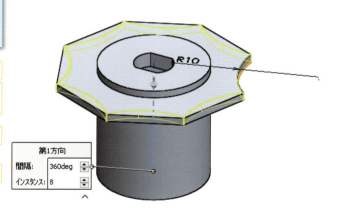

11 残りの部分も削除できました

12 「一時的な軸」を非表示にします

6 角に丸みをつける　　　　フィレット

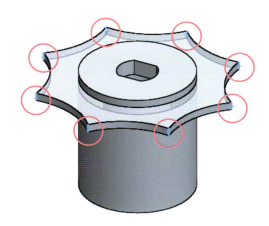

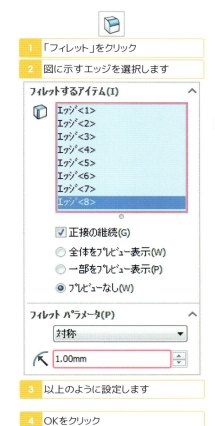

| 1 | 「フィレット」をクリック |
| 2 | 図に示すエッジを選択します |

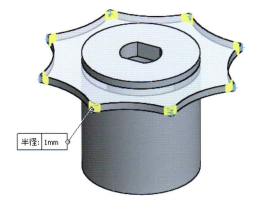

| 3 | 以上のように設定します |
| 4 | OKをクリック |

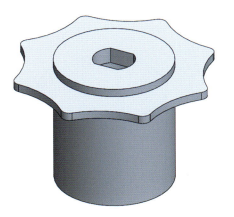

| 5 | 角に丸みがつきました |
| 6 | スペーサーが完成しました |

| 7 | <コーヒーミルフォルダ>の中に「スペーサー」という名前で保存します |

円周方向に形状を複写する　223

Chapter 6 応用演習

16 履歴を操作する
1 基礎となる形状を作る

軸固定ネジ

押し出し：ブラインド

1. 新しく部品ドキュメントを開きます

2. ツリーの「平面」を選択してスケッチに入ります
3. 図のようなスケッチを描きます

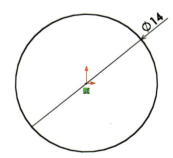

4. 「押し出しボス/ベース」をクリック

方向1
ブラインド
14.00mm
□ 外側に抜き勾配指定(O)

5. 以上のように設定します
6. OKをクリック

7. 基礎となる形状ができました

224 Chapter6 応用演習

2 溝を切る　　　　回転カット

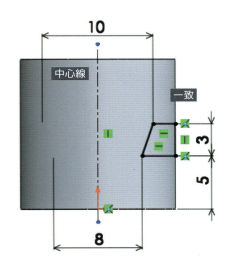

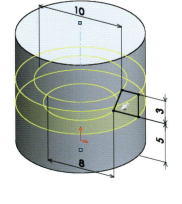

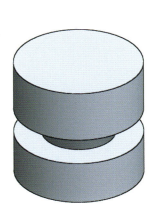

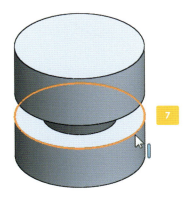

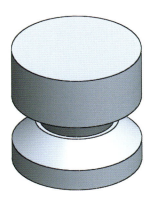

1. ツリーの「正面」を選択してスケッチに入ります
2. 図のようなスケッチを描きます

3. <フィーチャータブ>「回転カット」をクリック

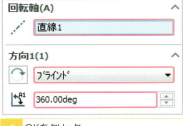

4. OKをクリック
5. 溝が切れました

6. 「面取り」をクリック
7. 図に示すエッジを選択します

8. 以上のように設定します
9. OKをクリック
10. 面取りできました

履歴を操作する　225

3　滑り止めを作る　　　　　　　　　　　円形パターン

1　図に示す面を選択して
スケッチに入ります

2　表示方向「平面」をクリック

3　Escキーで選択を解除します

4　図に示すモデルのエッジを
選択します

5　「エンティティ変換」をクリック

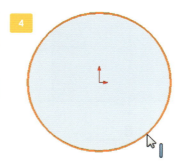

> ここではエンティティ変換する場合に、面ではなくエッジを選択します（面選択にするとP230でエラーになります）。

6　図のようなスケッチを描きます

7　Escキーで選択を解除します

8　Ctrlキーを押しながら中心線と
2本の直線を選択します

9　「対称」の拘束をつけます

10　Escキーで選択を解除します

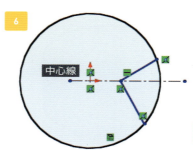

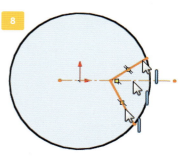

11　「エンティティのトリム」をクリック

✓ オプションの「一番近い交点まで
トリム」を使うと便利です。

12　図に示すエッジを削除します

13　Escキーでエンティティの
トリムを解除します

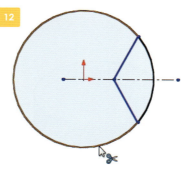

14　「スマート寸法」をクリック

15　図に示す2本の直線を選択すると

16　角度寸法が現れるので
適当なところに配置します

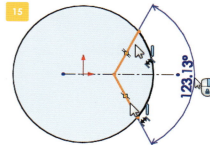

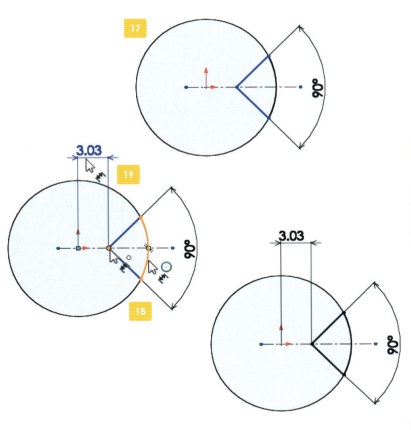

17 図に示す寸法を入力します

18 図に示す円弧と点を選択すると

19 寸法が現れるので適当なところに配置します

20 「閉じる」をクリックして修正ダイアログを閉じます

✓ 寸法が選択状態のとき、プロパティマネージャーは寸法配置（寸法のプロパティ）になります。

21 寸法配置プロパティの<引出線タブ>をクリック

22 円弧の状態を「最小」を選択します

23 OKをクリック

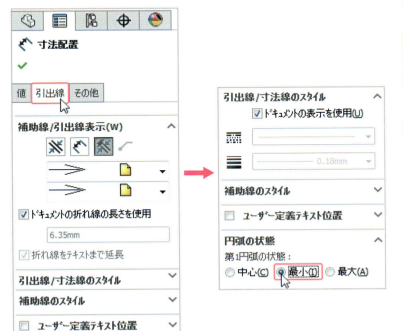

履歴を操作する 227

24	寸法の状態が変化します

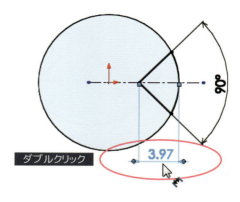

25	寸法数値をダブルクリック
26	変更ダイアログボックスが現れます

27	図に示す寸法を入力します

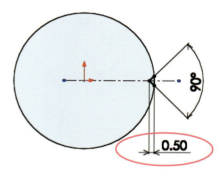

28	「押し出しカット」をクリック

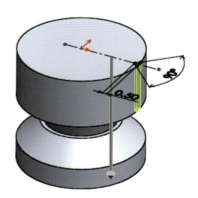

29	以上のように設定します
30	OKをクリックすると切り欠きがつきました

31	Escキーで選択を解除します
32	「一時的な軸」を表示します

✓ 一時的な軸を表示するには、
＜ヘッズアップビューツールバー＞
「アイテムを表示/非表示」の
「一時的な軸」をオンにします。

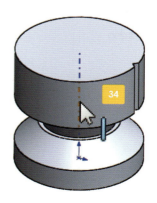

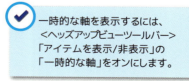

33	「円形パターン」をクリック
34	パターン軸に一時的な軸を選択します

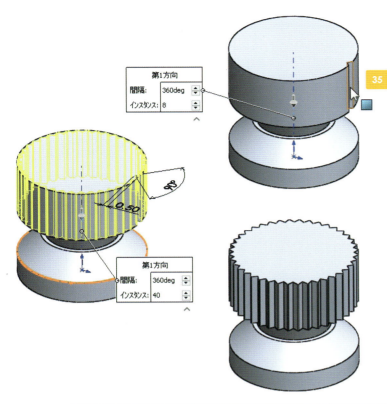
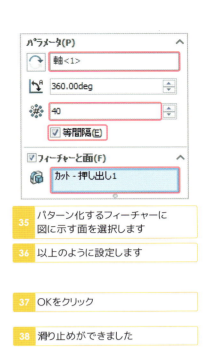

35	パターン化するフィーチャーに図に示す面を選択します
36	以上のように設定します
37	OKをクリック
38	滑り止めができました

✓ 「一時的な軸」は 非表示にしておきます。

4　固定用の穴をあける　　　押し出しカット：ブラインド

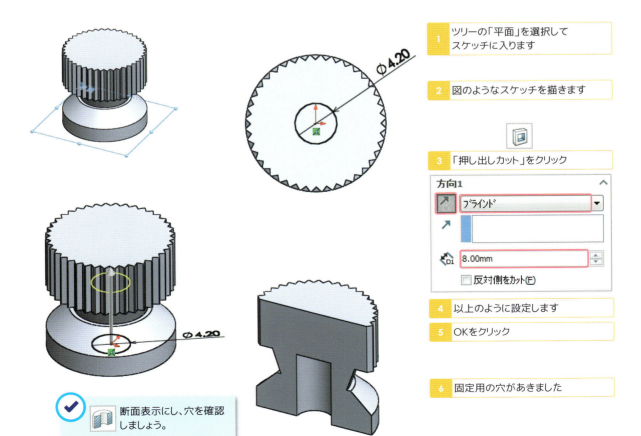

1	ツリーの「平面」を選択してスケッチに入ります
2	図のようなスケッチを描きます
3	「押し出しカット」をクリック
4	以上のように設定します
5	OKをクリック
6	固定用の穴があきました

✓ 断面表示にし、穴を確認しましょう。

履歴を操作する　229

5 角に丸みをつける   履歴の操作

軸固定ネジの上面角部を丸めます。しかし、滑り止め加工によりエッジがないため、フィレットをつけることができません。そこで、履歴操作により滑り止め加工を行う前にさかのぼって編集を行います。

1. 図の位置まで「ロールバックバー」を動かします

2. 滑り止めを作成する以前の形状に戻ります

3. 「フィレット」をクリック

4. 図に示すエッジを選択します

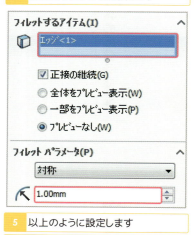

5. 以上のように設定します

6. OKをクリックすると角が丸まりました

7. 「ロールバックバー」を下へドラッグして元に戻します

✓ フィレットを作成した後に滑り止めを作成したモデルに変更することができました。

8. 軸固定ネジが完成しました

9. <コーヒーミルフォルダ>の中に「軸固定ネジ」という名前で保存します

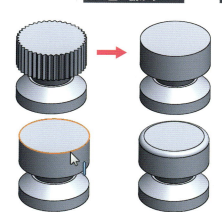

ロールバックバー / バーをドラッグして上へ動かす / 抑制された状態になる

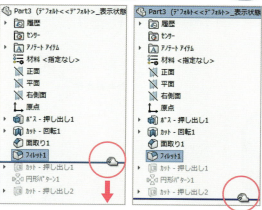

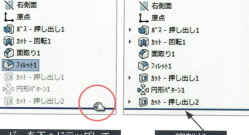

バーを下へドラッグして元に戻す / 抑制が解除される

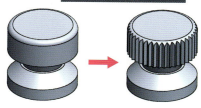

ねじ山表示の追加

アセンブリにおいて合致がしやすいように、ねじ山を実際には切らずに表示のみ追加することができます。
また、必要に応じてねじ山を表示させることもできます。

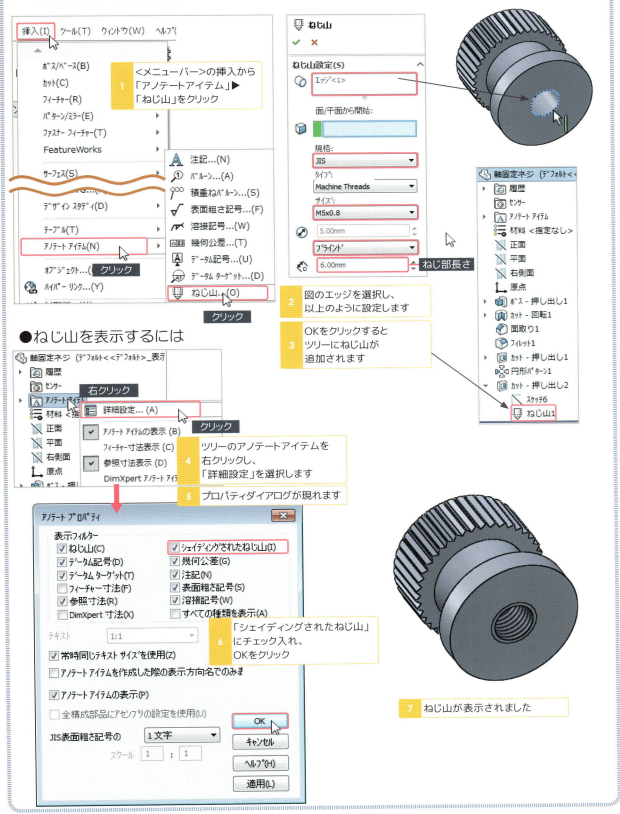

Chapter 6 応用演習
17 モデルの動きを確認する

コーヒーミル

1 コンテナ組立を配置する   アセンブリ原点と部品原点一致

1. 新規にアセンブリドキュメントを開きます

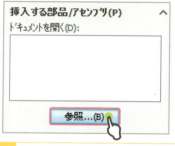

2. 参照をクリック

3. ファイルの種類を「すべてのファイル」に設定します

4. 「コンテナ組立フォルダ」を選択して開きます

5. 「コンテナ組立」を選択して開きます

6. ポインタをグラフィックス領域内に移動すると、「コンテナ組立」が現れます

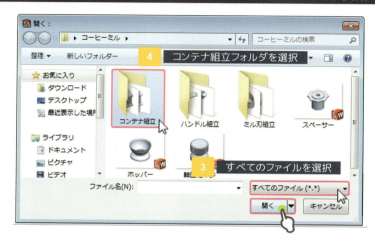

✓ 原点を表示するには、<ヘッズアップビューツールバー>「アイテムを表示/非表示」の「原点」をオンにします。

7. ポインタをアセンブリの原点に合わせてクリックすると

8. アセンブリ空間上にコンテナ組立が配置されました

✓ クリックで配置せずにOKボタンを押すと、「部品の原点」と「アセンブリの原点」が一致するように自動的に配置されます。

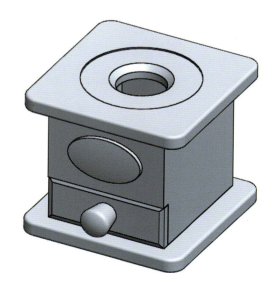

2 ミル刃組立を配置する　　　面と面の同心円合致

4 ミル刃組立フォルダを選択

5 ミル刃組立を選択

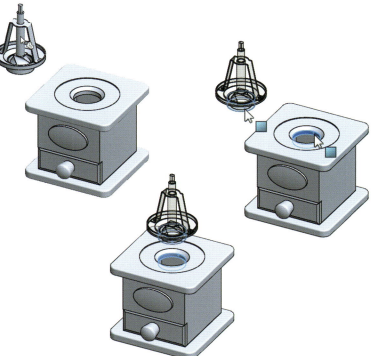

1 「既存の部品/アセンブリ」をクリック

2 参照をクリック

3 <コーヒーミルフォルダ>をクリックします

4 「ミル刃組立フォルダ」を選択して開きます

5 「ミル刃組立」を選択して開きます

6 グラフィックス領域内に「ミル刃組立」を挿入します

7 「合致」をクリック

8 図に示す面と面の間に「同心円」合致をつけます

9 OKをクリック

モデルの動きを確認する　233

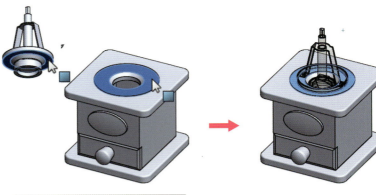

10 図に示す面と面に「一致」合致をつけます

11 OKをクリック

12 図に示すようにツリーから「アセンブリの正面」と「ミル刃組立部品の正面」に「一致」合致をつけます

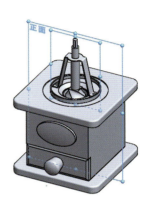

13 OKを2回クリック

14 ミル刃組立が配置されました

3 ホッパーを配置する　　エッジとエッジの一致合致

1 「既存の部品/アセンブリ」をクリック

2 参照をクリック

3 <コーヒーミルフォルダ>をクリック

4 「ホッパー」を選択して開きます

5 グラフィックス領域内に「ホッパー」を挿入します

234　Chapter6　応用演習

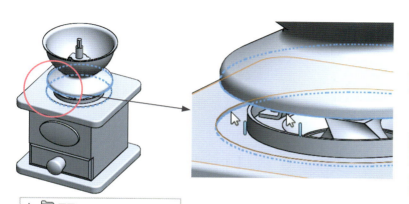

6 「合致」をクリック

7 図に示すエッジとエッジに「一致」合致をつけます

8 OKをクリック

9 図に示すようにツリーから「アセンブリの正面」と「ホッパーの正面」に「一致」合致をつけます

10 OKを2回クリック

11 ホッパーが配置されました

4　スペーサーを配置する　　　　　　面と面の同心円合致

スペーサーを選択

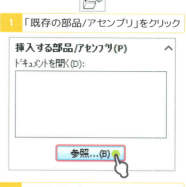

1 「既存の部品/アセンブリ」をクリック

2 参照をクリック

3 「スペーサー」を選択して開きます

4 グラフィックス領域内に「スペーサー」を挿入します

モデルの動きを確認する　235

5　「合致」をクリック

6　図に示す面と面に「同心円」合致をつけます

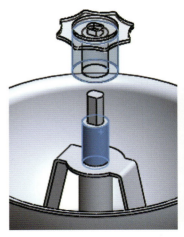

7　OKをクリック

8　図に示す面と面に「一致」合致をつけます

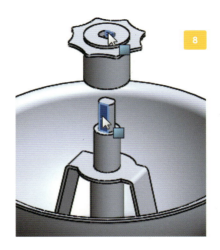

9　OKをクリック

10　図に示す面と面に「一致」合致をつけます

11　OKを2回クリック

12　スペーサーが配置されました

236　Chapter6　応用演習

5　ハンドル組立を配置する

1. 「既存の部品/アセンブリ」をクリック

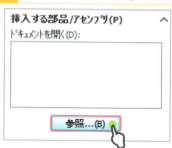

2. 参照をクリック

3. 「ハンドル組立フォルダ」を選択して開きます

4. 「ハンドル組立」を選択して開きます

5. グラフィックス領域内に「ハンドル組立」を挿入します

6. 「合致」をクリック

7. 図に示す面と面に「同心円」合致をつけます

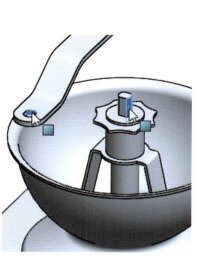

8. OKをクリック

9 図に示す面と面に「一致」合致をつけます

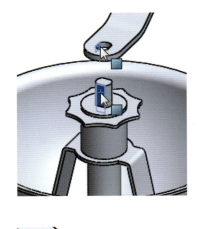
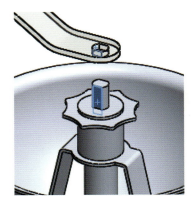

10 OKをクリック

11 図に示す面と面に「一致」合致をつけます

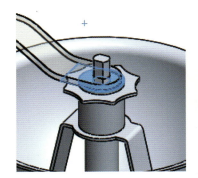

12 OKを2回クリック

13 ハンドル組立が配置されました

6 軸固定ネジを配置する

1 「既存の部品/アセンブリ」をクリック

2 参照をクリック

3 <コーヒーミルフォルダ>をクリック

4 「軸固定ネジ」を選択して開きます

5 グラフィックス領域内に「軸固定ネジ」を挿入します

238 Chapter6 応用演習

6 「合致」をクリック

7 図に示す面と面に「同心円」合致をつけます

8 OKをクリック

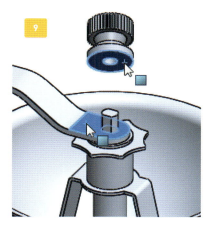
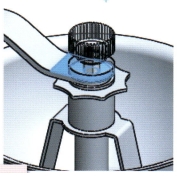

9 図に示す面と面に「一致」合致をつけます

10 OKをクリック

ねじ部は山を切っていないので干渉している状態になります。

11 図に示すようにツリーから「スペーサーの正面」と「軸固定ネジの正面」に「一致」合致をつけます

12 OKを2回クリック

13 軸固定ネジが配置されました

モデルの動きを確認する 239

| 14 | コーヒーミルが完成しました |

| 15 | <コーヒーミルフォルダ>の中に「コーヒーミル」という名前で保存します |

7　モデルの動きを確認する

| 1 | ツリーの「ミル刃組立」にポインタを合わせます |

| 2 | 右クリックして、メニューを表示します |

| 3 | 「構成部品プロパティ」を選択します |

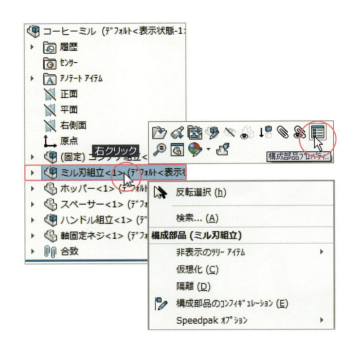

240　Chapter6　応用演習

構成部品プロパティ（ダイアログ）

一般プロパティ

構成部品名(N): ミル刃組立　インスタンス ID(I): 1　名前全体(E): ミル刃組立<1>

構成部品参照(F):

スプール参照(F):

構成部品の注記(D): ミル刃組立

モデル ドキュメント パス(D): C:¥Users¥seminar¥Desktop¥コーヒーミル¥ミル刃組立¥ミル刃組立.SLDASM

(構成部品(複数可)のモデルを置き換えるには、ファイル/置き換え コマンドを使用してください)

表示状態特有のプロパティ

☐ 構成部品の非表示(M)

参照された表示状態
- 表示状態-1

次の表示プロパティを変更:

コンフィギュレーション特有のプロパティ

参照されたコンフィギュレーション
- デフォルト

次のプロパティを変更:

抑制状態
- ○ 抑制(S)
- ◉ 解除(R)
- ○ ライト ウェイト

次のように解決
- ○ リジッド(R)
- ◉ フレキシブル(F)

☐ エンベロープ
☐ 部品表から除外

[OK(K)] [キャンセル(C)] [ヘルプ(H)]

Chapter 6

4 「構成部品プロパティ」が現れます

5 「次のように解決」を「フレキシブル」に合わせます

6 OKをクリック

7 同様に「コンテナ組立」もフレキシブルにします

✔ アセンブリにサブアセンブリを挿入すると構成部品プロパティの設定では「リジッド」(動かない状態)になっています。設定を「フレキシブル」にすることで動かすことができます。

8 ハンドルや引き出しをドラッグして動かしてみましょう

🔑 まれに合致に関するエラーが起こることがあります。
このようなエラーを解決するには、一旦、「次のように解決」をリジッドに戻して、再びフレキシブルに設定するようにします。

Fin

お疲れ様でした。
完成させたモデルに色を付けてオリジナル作品にしてみてはいかがでしょうか。

モデルの動きを確認する　241

コマンド一覧

●フィーチャータブ

アイコン	名称	説明
	押し出しボス/ベース	輪郭とパラメータの指定に従ってボスを作成します
	回転ボス/ベース	スケッチした輪郭と角度パラメータの指定に従って回転フィーチャーを作成します
	スイープ	スケッチした輪郭をパスに沿って押し出し、スイープフィーチャーを作成します
	ロフト	複数のスケッチした輪郭を使用してロフトフィーチャーを作成します
	境界ボス/ベース	輪郭の間に材料を2つの方向で追加してソリッドフィーチャーを作成します
	押し出しカット	輪郭と深さパラメータに従ってカットフィーチャーを作成します
	穴ウィザード	定義済みの断面を使用した穴を挿入します
	回転カット	スケッチした輪郭を回転して押し出したカットフィーチャーを作成します
	スイープカット	スケッチした輪郭をパスに沿って押し出し、スイープカットを作成します
	ロフトカット	複数の輪郭を使用してソリッドモデルをカットします
	境界カット	輪郭の間にある材料を2つの方向に削除してソリッドモデルをカットします
	フィレット	半径を指定してエッジにフィレットフィーチャーを作成します
	面取り	チェーン状に接続したエッジを面取りします
	直線パターン	選択フィーチャー/選択面/選択ボディを使用して直線パターンを作成します
	円形パターン	選択フィーチャー/選択面/選択ボディを使用して円形パターンを作成します
	リブ	リブフィーチャーを作成します
	抜き勾配	選択したサーフェスに抜き勾配を付けます
	シェル	シェルフィーチャーを作成します
	ラップ	閉じたスケッチ輪郭で面をおおいます
	交差	サーフェス、平面、ソリッドを交差させ、ボリュームを作成します
	ミラー	平面を中心にフィーチャー/面/ボディをミラーコピーします
	参照ジオメトリ	参照ジオメトリコマンド
	カーブ	カーブコマンド
	Instant3D	ダイナミックにフィーチャーを修正するために、ハンドル、寸法とスケッチのドラッグを有効にします

●スケッチタブ

アイコン	名称	説明
	スケッチ	新規のスケッチを作成、または既存のスケッチを編集します
	3Dスケッチ	3Dスケッチを作成します
	スマート寸法	1つあるいは複数の選択エンティティに寸法を追加します
	直線	直線をスケッチします
	中心線	中心線をスケッチします
	矩形コーナー	矩形をスケッチします
	矩形中心	中心から矩形をスケッチします
	3点矩形コーナー	斜めに矩形をスケッチします
	3点矩形中心	傾いた矩形を中心からスケッチします
	平行四辺形	平行四辺形をスケッチします
	ストレートスロット	ストレートスロットをスケッチします
	中心点ストレートスロット	中心点ストレートスロットをスケッチします
	3点円弧スロット	3点円弧スロットをスケッチします
	中心点円弧スロット	中心点円弧スロットをスケッチします
	円	円をスケッチします
	円周円	円周を使用して円をスケッチします

アイコン	名称	説明
	中心点円弧	中心点、始点、終点を含む中心点円弧をスケッチします
	正接円弧	直線に正接する円弧をスケッチします
	3点円弧	始点、終点、円弧上点を含む3点円弧をスケッチします
	多角形	多角形をスケッチします
	スプライン	スプラインをスケッチします
	楕円	楕円をスケッチします
	部分楕円弧	部分楕円弧をスケッチ作成します
	放物線	放物線を追加します
	円錐	円錐をスケッチします 始点、終点、上部の頂点を配置し、ショルダ点を配置して希望の円錐形状を作成します
	スケッチフィレット	2つの直線のコーナーをフィレットします
	スケッチ面取り	2つのスケッチエンティティの間に面取りを作成します
	平面	3Dスケッチに平面を挿入します
	テキスト	スケッチにテキストを追加します
	点	点を作成します
	エンティティのトリム	別のエンティティと一致するようスケッチエンティティをトリム、または延長、またはスケッチエンティティを削除します
	スケッチ延長	スケッチセグメントを延長します
	エンティティ変換	モデルのエッジまたはスケッチエンティティをスケッチセグメントに変換します
	交線カーブ	複数ボディの交線上にスケッチを作成します
	エンティティオフセット	モデルエッジまたはスケッチエンティティをオフセットする距離を指定してスケッチカーブを作成します
	エンティティのミラー	中心線を中心に選択したセグメントをミラーコピーします
	直線パターンコピー	スケッチエンティティの直線パターンを作成し、リピートします
	円形パターンコピー	スケッチエンティティの円形パターンを作成し、リピートします
	エンティティの移動	スケッチエンティティとアノテートアイテムを移動します
	幾何拘束の表示/削除	幾何拘束を表示または非表示します
	幾何拘束の追加	一致拘束や鉛直拘束などを指定し、エンティティのサイズや位置をコントロールします
	スケッチ修復	選択スケッチを修復します
	クイックスナップ	クイックスナップフィルター
	ラピッドスケッチ	2Dスケッチ平面をダイナミックに変更することができます

●アセンブリタブ

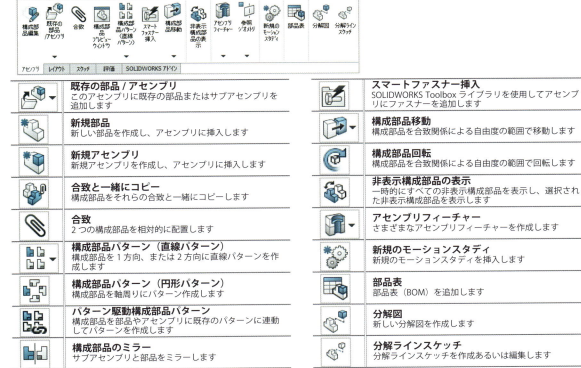

アイコン	名称	説明
	既存の部品/アセンブリ	このアセンブリに既存の部品またはサブアセンブリを追加します
	新規部品	新しい部品を作成し、アセンブリに挿入します
	新規アセンブリ	新規アセンブリを作成し、アセンブリに挿入します
	合致と一緒にコピー	構成部品をそれらの合致と一緒にコピーします
	合致	2つの構成部品を相対的に配置します
	構成部品パターン（直線パターン）	構成部品を1方向、または2方向に直線パターンを作成します
	構成部品パターン（円形パターン）	構成部品を軸周りにパターン作成します
	パターン駆動構成部品パターン	構成部品を部品やアセンブリに既存のパターンに連動してパターンを作成します
	構成部品のミラー	サブアセンブリと部品をミラーします
	スマートファスナー挿入	SOLIDWORKS Toolbox ライブラリを使用してアセンブリにファスナーを追加します
	構成部品移動	構成部品を合致関係による自由度の範囲で移動します
	構成部品回転	構成部品を合致関係による自由度の範囲で回転します
	非表示構成部品の表示	一時的にすべての非表示構成部品を表示し、選択された非表示構成部品を表示します
	アセンブリフィーチャー	さまざまなアセンブリフィーチャーを作成します
	新規のモーションスタディ	新規のモーションスタディを挿入します
	部品表	部品表（BOM）を追加します
	分解図	新しい分解図を作成します
	分解ラインスケッチ	分解ラインスケッチを作成あるいは編集します

コマンド一覧　243

●評価タブ

	干渉認識 干渉のある構成部品を見つけ表示します			**穴整列** アセンブリ穴整列のチェックを行います
	クリアランス検証 構成部品の間のクリアランスを検証します			**測定** 選択したアイテム間の距離を計算します

●レイアウト表示タブ

	標準 3 面図 標準3面図を作成します（第1角法または第3角法使用）			**詳細図** 詳細図を作成します
	モデルビュー 既存の部品やアセンブリを元にしたビューを図面に追加します			**部分断面** 部分断面図を作成します
	投影図 既存のビューから新しいビューを展開します			**破断線** 選択図面ビューに破断線を追加します
	補助図 斜面の補助図を作成します			**ビューのトリミング** ビューをトリミングします
	断面図 親ビューを断面線でカットして断面図、整列断面図、半断面図を作成します			**代替位置ビュー** 代替位置ビューを挿入します

●シートフォーマットタブ

	シートフォーマット編集 シートフォーマット編集			**自動境界線** 自動境界線
	タイトルブロックフィールド タイトルブロックフィールド			

●アノテートアイテムタブ

	スマート寸法 1つあるいは複数の選択エンティティに寸法を追加します		幾何公差 新しい幾何公差記号のプロパティを設定し、図面シートをクリックして挿入します
	水平寸法 2つの点間に水平寸法を配置します		データム記号 選択エッジ/選択詳細部分にデータム記号を添付します
	垂直寸法 2つの点間に垂直寸法を配置します		データムターゲット データムターゲット記号やデータムターゲット点を選択されたエッジ/線に追加します
	基準線寸法 基準線に寸法を付けます		ブロック ブロックコマンド
	累進寸法 累進寸法記入法を使用して寸法値を配置します		ブロック作成 新規ブロックを作成します
	水平累進寸法 水平な寸法線の上に沿って累進寸法数値を記入します		ブロックの挿入 スケッチまたは図面に新規ブロックを挿入します
	垂直累進寸法 垂直な補助寸法線に並べて累進寸法数値を記入します		中心マーク 円形のエッジ、スロットエッジ、スケッチエンティティに中心マークを追加します
	面取り寸法 面取り寸法を挿入します		中心線 図面ビューや選択エンティティに中心線を追加します
	モデルアイテム 参照モデルから寸法、アノテートアイテム、参照ジオメトリを選択した図面ビューにインポートします		領域のハッチング/フィル 閉じたスケッチの輪郭にハッチング/フィルを追加します
	スペルチェック スペルチェックを行います		リビジョン記号 最新のリビジョンの記号を挿入します
	フォーマットペイント フォーマットをコピー/ペーストします		リビジョン雲 リビジョン雲を挿入します
	注記 注記を作成します		テーブル テーブルコマンド
	直線注記パターン 直線注記パターンを追加します		カスタムテーブル 図面にカスタムテーブルを追加します
	円形注記パターン 円形注記パターンを追加します		穴テーブル 穴テーブルを挿入します
	バルーン 選択したエッジまたは面にバルーン注記を添付します		部品表 部品表(BOM)を追加します
	自動バルーン 選択されているビューの全構成部品にバルーンを追加します		リビジョンテーブル リビジョンテーブルを挿入します
	マグネットライン マグネットラインを挿入します		溶接カットリスト 溶接カットリストを挿入します
	表面粗さ記号 表面粗さ記号を挿入します		ベンドテーブル 図面にベンドテーブルを挿入します
	溶接記号 選択エッジ/面/頂点に溶接記号を挿入します		パンチテーブル 図面にパンチテーブルを挿入します
	穴寸法テキスト 穴の寸法テキストを挿入します		

SOLIDWORKS2015 以前の CommandManager

●フィーチャータブ

●スケッチタブ

●アセンブリタブ

●評価タブ

●レイアウト表示タブ

●アノテートアイテムタブ

クラシック表示の方法

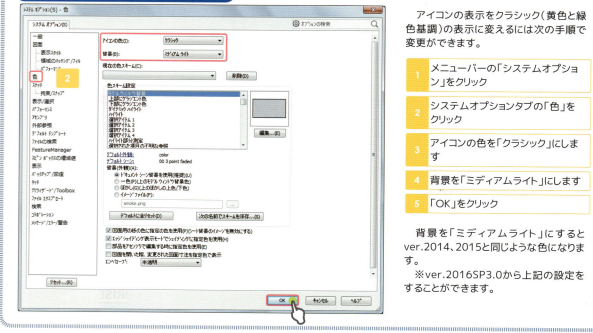

アイコンの表示をクラシック(黄色と緑色基調)の表示に変えるには次の手順で変更ができます。

1	メニューバーの「システムオプション」をクリック
2	システムオプションタブの「色」をクリック
3	アイコンの色を「クラシック」にします
4	背景を「ミディアムライト」にします
5	「OK」をクリック

　背景を「ミディアムライト」にするとver.2014、2015と同じような色になります。
　※ver.2016SP3.0から上記の設定をすることができます。

246　コマンド一覧

さらに上達したい方へ
読者限定特典のご案内

本書では紹介しきれなかった機能も学べる **CADRiSE** の3大特典をご利用ください

特典 ①
3次元モデルデータのダウンロード

本書掲載のカードスタンドとコーヒーミルの3次元モデルデータを無料でダウンロードできます。
SOLIDWORKS で開くことでデータの履歴から作成方法を読み取れます。

特典 ②
クイックリファレンス＋コマンド一覧

手元にあると便利な操作早見表。
スケッチから立体作成までの流れや、コマンドの説明がまとめて掲載された一覧を無料でダウンロードできます。

特典 ③
メールセミナー

『SOLIDWORKS習得メールセミナー』の全4タイトルを無料で受講できます。
本書からのステップアップに適した、知って役立つ「便利な機能」や「操作のコツ」を習得用課題のモデル作成を通してお伝えします。

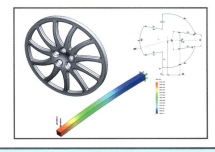

※掲載した特典は予告なく変更、あるいは中止になる場合があります。

特典ご利用方法

アクセス ➡ CADRiSE　http://www.cadrise.jp/

ウェブサイトにアクセスし、トップページより**「無料メールセミナー」**にご登録ください。
登録されたメールアドレスにダウンロードページのURL・パスワード、メールセミナーなどをお届けいたします。

【CADRISE websiteとは】
SOLIDWORKSを利用する製造業を支援する設計デザイン会社アドライズのCAD教育部門が提供するウェブサイト。マニュアルやモデルのダウンロード、セミナー情報などが入手できます。

CADRISE　検索

読者限定特典のご案内　247

索引&用語解説

英数字

3 点円弧 ……………………………………………………………………………… 220

CAD ……………………………………………………………………………… 10
▶ Computer Aided Design の略。コンピュータ支援による設計。

CAE ……………………………………………………………………………… 11
▶ Computer Aided Engineering の略。コンピュータ上で解析シミュレーションを行うなど、コンピュータ支援により設計・製造の効率化を図る。

CAM
▶ Computer Aided Manufacturing の略。CAD データなどをもとに加工するためのデータを作成するシステム。

CommandManager ……………………………………………………………………… 22

CSG
▶ Constructive Solid Geometry の略。ソリッドモデルを表現する方法の 1 つ。

FeatureManager デザインツリー …………………………………………………………… 27

DXF
▶ 異種 CAD 間でデータを受渡すための代表的なファイルフォーマット。

IGES
▶ 異種 CAD 間でデータを受渡すための代表的なファイルフォーマット。ANSI 規格。

Instant2D ……………………………………………………………………………… 24

Instant3D ……………………………………………………………………………… 24

Parasolid
▶ モデリングカーネルの 1 つ。採用している 3 次元 CAD が多く扱いが簡単。

RP ……………………………………………………………………………… 10
▶ Rapid Prototyping の略。モデルのデータを利用して速やかに試作品を製造する技術。

STEP
▶ 異種 CAD 間でデータを受渡すための代表的なファイルフォーマット。ISO 規格。

STL
▶ モデルのデータを RP に渡すために使われていることが多いファイルフォーマット。

あ

アイテムを表示 / 非表示 …………………………………………………………………… 32

アセンブリ ……………………………………………………………………………… 13
▶ 仮想空間上に複数の部品を組み立てること。または組立品のこと。

アノテートアイテム
▶ 3 次元モデルに付加する寸法、公差、注記などの情報。

一時的な軸 ……………………………………………………………………………… 221

一番近い交点までトリム …………………………………………………………………… 170

248　索引&用語解説

一部拡大 ……………………………………………………………… 44

一致（合致）……………………………………………………… 95

一致（拘束）……………………………………………………… 69

インスタンス数 …………………………………………………… 60

隠線なし …………………………………………………………… 47

隠線表示 …………………………………………………………… 47

ウィンドウにフィット …………………………………………… 42

薄板フィーチャー ………………………………………………165

エッジ
　▶面が交差するところにできる稜線または直線の線の部分。

エッジシェイディング表示………………………………………… 47

円 …………………………………………………………………… 51

円形パターン ……………………………………………… 222、228

鉛直（拘束）……………………………………………………… 70

エンティティ
　▶構成要素のこと。スケッチエンティティ＝スケッチを構成する直線や点などの要素。

エンティティオフセット …………………………………………214

エンティティのトリム …………………………………… 170、226

エンティティのミラー ……………………………………………164

エンティティ変換 …………………………………… 177、189、220

押し出しオプション ……………………………………………… 86

押し出しカット …………………………………………………… 50

押し出しボス／ベース …………………………………………… 40

オフセット ………………………………………………………218

オフセット開始サーフェス指定 ………………………………… 86

か

外観を編集 ………………………………………………………104

解析
　▶シミュレーションを行い強度、機構動作、伝熱などを事前に検証すること。

階層リンク ………………………………………………………… 41

回転（ビューの）………………………………………… 30、126

回転カット ………………………………………………………225

回転ボス／ベース ………………………………………… 80、153

拡大縮小 …………………………………………………………… 42

確認コーナー ……………………………………………… 34、38

合致 ……………………………………………………………… 94
　▶アセンブリ上で部品間に拘束条件をつけること。

合致の整列状態 …………………………………………………155

干渉
　▶アセンブリ上で部品間に食込みが発生している異常な状態。

索引＆用語解説　249

干渉認識 ……………………………………………………………………………… 100

完全定義 …………………………………………………………………………… 64、73
▶ 形状、大きさ、位置の情報が定義され矛盾がない状態。

既存の部品 / アセンブリ ………………………………………………………… 92

基本3面 …………………………………………………………………………… 33

距離合致 …………………………………………………………………………… 154

矩形 ………………………………………………………………………… 49、138
▶ 長方形。

矩形コーナー ……………………………………………………………………… 36

矩形中心 …………………………………………………………………………… 139

グラフィックス領域 ……………………………………………………………… 27

原点
▶ 3次元空間上で基準になる点。座標（x,y,z）＝（0,0,0）の点。

構成部品プロパティ ……………………………………………………………… 240

拘束 ………………………………………………………………………………… 84
▶ 図形に幾何学的な条件を与えることで、一定の形状に制限すること。

拘束マーク ………………………………………………………………………… 65

交点（拘束）……………………………………………………………………… 84

勾配指定面 ………………………………………………………………………… 179

コーナーから ……………………………………………………………………… 139

固定サイズフィレット …………………………………………………………… 62

コンテキストツールバー ………………………………………………………… 35

さ

サーフェス
▶ 表面という意味。厚みがないため体積情報を持っていない。

サブアセンブリ …………………………………………………………………… 133
▶ 親アセンブリを構成する子アセンブリのこと。

参照ジオメトリ ………………………………………………………… 172、193

参照
▶ スケッチやモデルの構築において、既存の形状を参考にすること。

シートフォーマット ……………………………………………………………… 106
▶ 図面ドキュメントで図枠のことを指す。

シートフォーマット編集 ………………………………………………………… 108

シートプロパティ ………………………………………………………………… 112

シェイディングされたねじ山……………………………………………………… 231

シェイディング表示 ……………………………………………………………… 47

シェル …………………………………………………………………… 46、150
▶ 指定した厚みを残してモデルの中身をくり抜くこと。薄肉化。

ジオメトリ
▶ 幾何学的な形状。

次サーフェスまで ……………………………………………………………… 50、86

システムオプション ………………………………………………………………… 16

指定保存 …………………………………………………………………………… 63

自動フィレットコーナー …………………………………………………………165

収縮のアニメーション ……………………………………………………………209

詳細設定合致 ………………………………………………………………………157

スイープ ……………………………………………………………………… 30、199
　▶輪郭が軌道に沿って通過したときに描かれる軌跡によってできる形状。

ズーム
　▶モデルの表示を拡大縮小する操作。

スケール
　▶モデルの大きさを変更するフィーチャー。図面では尺度のこと。

垂直（拘束）…………………………………………………………………………… 84

水平（拘束）…………………………………………………………………………… 67

スケッチ …………………………………………………………………………… 34
　▶立体形状を作成するための 2 次元図形。

スケッチ拘束関係の表示 …………………………………………………………… 64

スケッチ終了 ……………………………………………………………………… 38

スケッチタブ ……………………………………………………………………… 34

スケッチフィレット ………………………………………………………………198

スケッチ平面
　▶スケッチを描くキャンバスとなる平面。

スケッチ平面編集 ………………………………………………………………… 74

スケッチ編集 ………………………………………………………………… 39、75

スナップ …………………………………………………………………………… 65

スプライン
　▶自由曲線。複数の点を結ぶ滑らかな曲線。

スマート寸法 ………………………………………………………………… 37、116

図面 ………………………………………………………………………………… 13
　▶2 次元図面のこと。図形に寸法などの情報が入ったもの。

図面シートフォーマットの保存 …………………………………………………109

図面シート編集 ……………………………………………………………………109

図面ビューの選択 …………………………………………………………………122

寸法
　▶図形に大きさを定義するための数値。

寸法配置 …………………………………………………………………………… 59

寸法補助線 …………………………………………………………………………128

正接（拘束）…………………………………………………………………………… 84

正接エッジ …………………………………………………………………… 110、204

整列（寸法の）………………………………………………………………………125

接頭語 ………………………………………………………………………………123

索引＆用語解説　251

全貫通 ··· 53、86

全貫通―両方 ···140

選択アイテムに垂直 ·· 48

挿入する部品／アセンブリ ·· 90

双方向完全連想性 ·· 13

ソリッド
　▶ 中身のある立体。体積情報を持っているため解析などへの応用範囲が広い。

た

ダイアログボックス
　▶ 操作の確認要求に用いられるウィンドウのこと。ダイアログとは対話という意味。

第３角法 ···112

対称（拘束） ·· 85

対称寸法 ·· 55

ダイナミック参照の可視化 ·· 41

楕円 ···145
　▶ ２つの定点からの距離の和が一定な点の軌跡。長円（大辞泉より）。

多角形 ···217

タスクパネル ·· 22

ダブルクリック
　▶ マウスのボタンを間隔をあけずに連続して２回押す動作。

断面表示 ·· 47

中間平面 ·· 86、139

注記 ···108

中心線 ··· 54、122

中心点円弧 ···152

中心マーク ···121

中点（拘束） ·· 84、138

中点から ···139

中点マーク ··· 51

直線 ·· 66

直線パターン ·· 60

直線フライアウトボタン ·· 54

直径寸法 ··· 79、152

次から ···218

次サーフェスまで ·· 50、86

デフォルト
　▶ 初期設定の状態。あらかじめ設定されている数値や条件など。

テンプレート
　▶ ひな型。元になる定型的なファイルのこと。

同一円弧（拘束） ·· 85

同一線上（拘束） …………………………………………………………………… 85

投影図 ………………………………………………………………………… 112、127

投影ビューの自動開始 ……………………………………………………………113

等角投影 …………………………………………………………………………… 45

同心円（合致）……………………………………………………………………… 94

同心円（拘束）……………………………………………………………………… 84

ドーム …………………………………………………………… 148、190、191

ドキュメント ……………………………………………………………………… 13

▶ ファイルの種類。ソリッドワークスでは、部品、アセンブリ、図面の3種類を扱う。

ドキュメントプロパティ …………………………………………………………… 16

トライアド ………………………………………………………………………207

ドラッグ

▶ マウスのボタンを押し込んだ状態でポインタを動かす動作。

取り消し …………………………………………………………………………… 36

トリム

▶ 要素を部分的に削除すること。延長を含める場合もある。

な

ニュートラル平面 …………………………………………………………………179

抜き勾配 …………………………………………………………………………179

▶ 鋳造で鋳型から成型品を取り出すために付ける勾配（傾斜）。

抜き勾配オン / オフ ………………………………………………………………171

ねじ山 ……………………………………………………………………………231

は

パーティングライン

▶ 分割ライン。鋳造で上型と下型の合わせ面のこと。

端サーフェス指定 ………………………………………………………… 86、166

パス ………………………………………………………………………………198

バックアップ

▶ データの複製をとり、別の場所に保存しておくこと。

パラメータ

▶ 変数。形状の大きさなどを指定するために外部から与える設定値。

パラメトリック …………………………………………………………………… 12

▶ 設定値を変更することで形状を変化させることができる機能。

反対側をカット ……………………………………………………………………161

引出線タブ ………………………………………………………………… 59、227

ヒストリー

▶ 履歴。

等しい値（拘束） ………………………………………………………… 85、141

非表示

▶ 一時的に構成部品を表示させないこと。作業が簡単になる。

索引＆用語解説　253

ビュー
▶ 表示の見え方、見る方向。

表示スタイル ……………………………………………………………………………… 47

標準平面
▶ 3次元空間上で形状を作るときに基準となる平面。削除することはできない。

標準3面 …………………………………………………………………………………… 33

標準3面図 ………………………………………………………………………… 112、120

標準合致 …………………………………………………………………………………… 97

標準表示方向 ………………………………………………………………………… 23、45

フィーチャー ………………………………………………………………………… 12、30
▶ 直方体、円柱、フィレットといった形状の最小単位。

フィーチャー編集 ………………………………………………………………………… 77

フィレット ………………………………………………………………………………… 62
▶ 立体の角を、指定した半径で丸めること。

不等角投影 ………………………………………………………………………………… 45

部品 ………………………………………………………………………………………… 13
▶ 仮想空間上に1つの部品を作ること。フィーチャーを組み合わせて作る物体。

部品を開く ……………………………………………………………………………… 101

ブラインド ……………………………………………………………………………… 40、86
▶ 押し出しフィーチャーで深さを指定するオプション。

フルラウンドフィレット ……………………………………………………………… 202

フレキシブル …………………………………………………………………………… 241

プロパティ
▶ 要素やフィーチャーが持っている大きさや形状などのデータ。

分解解除 ………………………………………………………………………………… 209

分解図 …………………………………………………………………………………… 207

分解ラインスケッチ …………………………………………………………………… 208

平行（拘束）……………………………………………………………………………… 72

平行移動 …………………………………………………………………………………… 43

ヘッズアップビューツールバー ………………………………………………………… 22

平面 ……………………………………………………………………………… 172、173
▶ モデル作成において必要な場合に作成する平面。フィーチャーとして履歴に残る。

変更ダイアログボックス ………………………………………………………………… 37

ま

マージ ……………………………………………………………………………………… 71
▶ 複数の要素を1つの要素にすること。複数の立体を1つの立体にすること。

マウスジェスチャー ……………………………………………………………………… 45

右クリック
▶ マウスの右ボタンを押す動作。右クリックメニューを表示するときに使う。

ミラー ……………………………………………………………………………………………… 142
　▶ 平面を基準に対称な形状を複写する機能。

面取り ……………………………………………………………………………… 80、151
　▶ 立体の角を指定した角度で削り取ること。

面取り寸法 ………………………………………………………………………………… 129

モデリング
　▶ 仮想空間上に 3 次元モデルを作成すること。

モデル
　▶ 仮想空間上に作成された 3 次元立体。

モデルアイテム ………………………………………………………………………… 122

モデルビュー …………………………………………………………………………… 113

や

やり直し …………………………………………………………………………………… 36

抑制 ………………………………………………………………………………………… 230
　▶ フィーチャーや構成部品など、一時的に消去したときと同じ状態にすること。

ら

ラピッド寸法 …………………………………………………………………………… 119

リジッド ………………………………………………………………………………… 241

稜線
　▶ 2 つの面が交わった部分を表す要素。

両等角投影 ………………………………………………………………………………… 45

履歴
　▶ モデルを構築していく過程。履歴が残ることによりパラメトリック修正が可能となる。

履歴型 ……………………………………………………………………………………… 12

輪郭 ……………………………………………………………………………… 174、198

レンダリング
　▶ 3 次元モデルを実際の写真のように画像処理すること。

ロールバックバー ……………………………………………………………………… 230

ロフト …………………………………………………………………… 30、174、194
　▶ 複数の輪郭をつないでできる形状を得る方法。

わ

ワイヤーフレーム ………………………………………………………………………… 47
　▶ 頂点と頂点を結ぶ稜線のみで形状を表現する方法。

■編 者

株式会社アドライズ　　http://www.adrise.jp/

「設計業務を省力化したい」「若手設計者を育成したい」といった SOLIDWORKS を利用する製造業をサポートする設計ソリューション会社。レベルに応じた豊富な研修カリキュラムを展開、多くの研修実績を持つ。特に、研修の一つ "SOLIDWORKS 活用研修 3 次元設計手法" は、設計デザイン会社として研鑽を積んだ内容が活かされており、「SOLIDWORKS による設計がわかった」と多くの受講者からの支持を得ている。さらに、金属加工機械の総合メーカーである株式会社アマダの「SheetWorks パートナー」として、教育研修と自動設計プログラムを板金メーカーへ提供し好評を博している。著作は 8 冊（2016 年 8 月現在）。『よくわかる 3 次元 CAD システム SolidWorks 入門』（日刊工業新聞社）は、インターネット書店 Amazon において 3D グラフィックス部門ランキング 1 位を獲得。また、『3 次元 CAD SolidWorks 練習帳』（日刊工業新聞社）は、全国各地の教育関係者から高く評価され、教育現場で広く活用されている。

CADRISE ウェブサイト　　http://www.cadrise.jp

SOLIDWORKS を利用する技術者のためのウェブサイト。モデルやマニュアルのダウンロード、セミナー情報などを入手できる。

■著 者

牛山　直樹（うしやま　なおき）株式会社アドライズ代表取締役。諏訪東京理科大学非常勤講師
主な著書：「よくわかる 3 次元 CAD システム SolidWorks 入門」「よくわかる 3 次元 CAD システム 実践 SolidWorks」「3 次元 CAD SolidWorks 練習帳」「よくわかる SolidWorks 演習 モデリングマスター編」「3 次元 CAD SolidWorks 板金練習帳」（以上、日刊工業新聞社）
唐澤　聖（からさわ　せい）SOLIDWORKS 認定技術者
村山　久美子（むらやま　くみこ）
小林　尚子（こばやし　しょうこ）
林　容子（はやし　ようこ）
坂　信太朗（さか　しんたろう）
野口　俊二（のぐち　しゅんじ）技術センター長
（以上、株式会社アドライズ）

よくわかる3次元CADシステム
SOLIDWORKS入門
―2014/2015/2016対応―

2016年 8 月25日　初版第1刷発行
2020年 3 月31日　初版第5刷発行

ⓒ編　者　㈱アドライズ
発行者　井水　治博
発行所　日刊工業新聞社　〒103-8548 東京都中央区日本橋小網町14-1
電　話　03-5644-7490（書籍編集部）
　　　　03-5644-7410（販売・管理部）
FAX　03-5644-7400
振替口座　00190-2-186076番
URL　http://pub.nikkan.co.jp/
e-mail　info@media.nikkan.co.jp
印刷・新日本印刷　製本・新日本印刷
（定価はカバーに表示してあります）
万一乱丁、落丁などの不良品がございましたらお取り替えいたします。
ISBN978-4-526-07591-9　　NDC501.8
カバーデザイン・志岐デザイン事務所
2016 Printed in Japan

本書の無断複写は、著作権法上での例外を除き、禁じられています